廓形手作服

[日] 滨田明日香 著

史海媛 译

U0261475

化学工业出版社

·北京·

用称之为"原型"且贴近人体的纸型能够制作多种服饰。

按照与此不同的思路，将"形状"制作成服饰便是本书的初衷。

圆形、方形、五角形等完全不适合服饰的形状，却也能制作出意想不到的裁剪效果及贴身感。

尺寸、领窝位置及布料的不同也会搭配出不同效果，各种有趣的创意设计尽在其中。

本书大多使用素色布料制作，也可替换成格纹布，或者替换前后衣片的布料，简单的改动就能彰显出适合自己的服饰个性。

此外，简单的形状容易衬托布料本身的质感及美感，这也是奇妙的发现之一。

简单地选择适合自己的布料，不必拘泥。

本书中，甚至使用了怀旧的毛毯、窗帘……

原本就是乐趣手工，无须思考复杂的服饰制作，随意裁剪的轻松制作过程等您来体验。

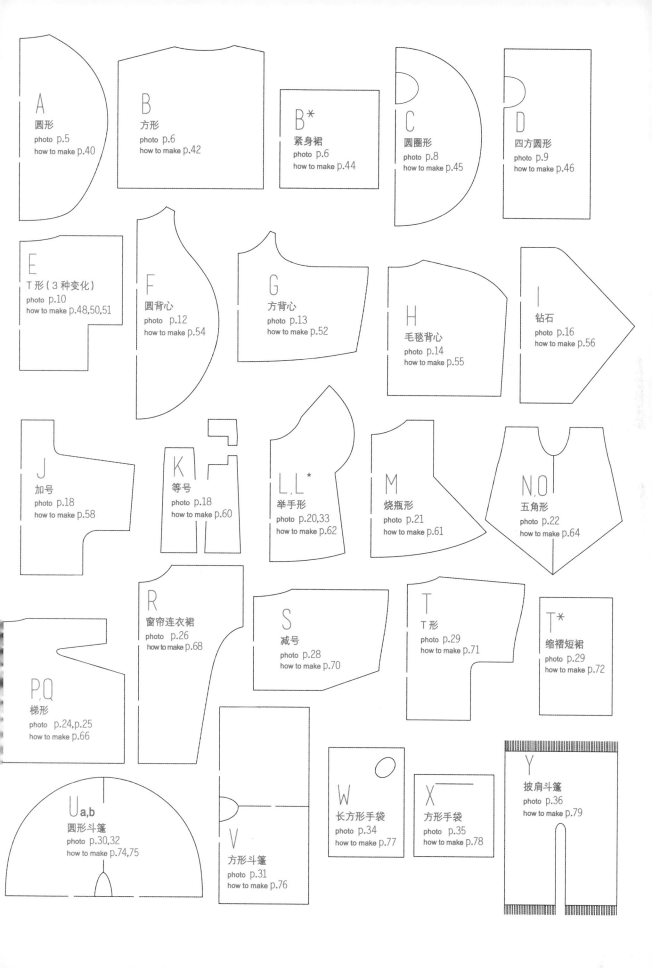

A
圆形
photo p.5
how to make p.40

B
方形
photo p.6
how to make p.42

B*
紧身裙
photo p.6
how to make p.44

C
圆圈形
photo p.8
how to make p.45

D
四方圆形
photo p.9
how to make p.46

E
T形（3种变化）
photo p.10
how to make p.48,50,51

F
圆背心
photo p.12
how to make p.54

G
方背心
photo p.13
how to make p.52

H
毛毯背心
photo p.14
how to make p.55

I
钻石
photo p.16
how to make p.56

J
加号
photo p.18
how to make p.58

K
等号
photo p.18
how to make p.60

L,L*
举手形
photo p.20,33
how to make p.62

M
烧瓶形
photo p.21
how to make p.61

N,O
五角形
photo p.22
how to make p.64

P,Q
梯形
photo p.24,p.25
how to make p.66

R
窗帘连衣裙
photo p.26
how to make p.68

S
减号
photo p.28
how to make p.70

T
T形
photo p.29
how to make p.71

T*
缩褶短裙
photo p.29
how to make p.72

U a,b
圆形斗篷
photo p.30,32
how to make p.74,75

V
方形斗篷
photo p.31
how to make p.76

W
长方形手袋
photo p.34
how to make p.77

X
方形手袋
photo p.35
how to make p.78

Y
披肩斗篷
photo p.36
how to make p.79

4

A

圆形 how to make p.40

方形 + 紧身裙

how to make p.42,44

C

圆圈形

how to make p.45

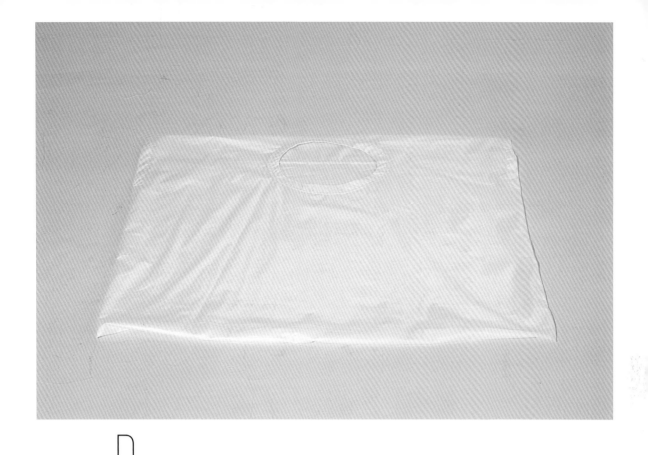

D

四方圆形　how to make p.46

9

a. 侧开衩

E

T 形（3 种变化）

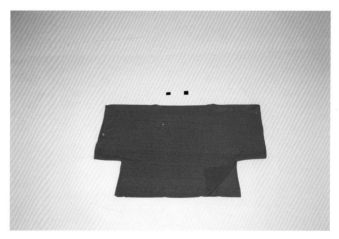

how to make p.48

b. 袖下飘逸

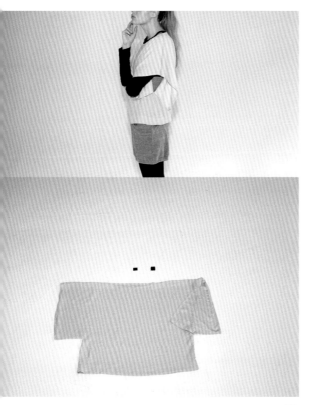

c. 变形方桶背心

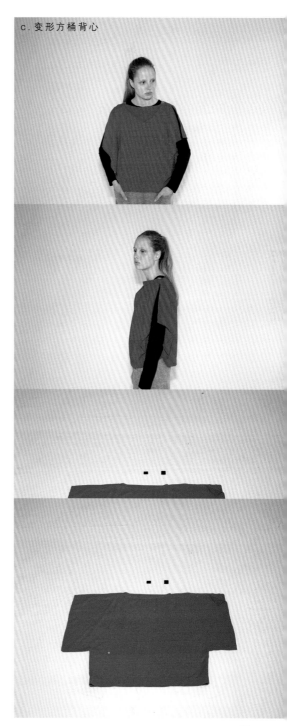

how to make p.50

how to make p.51

11

F

圆背心 how to make p.54

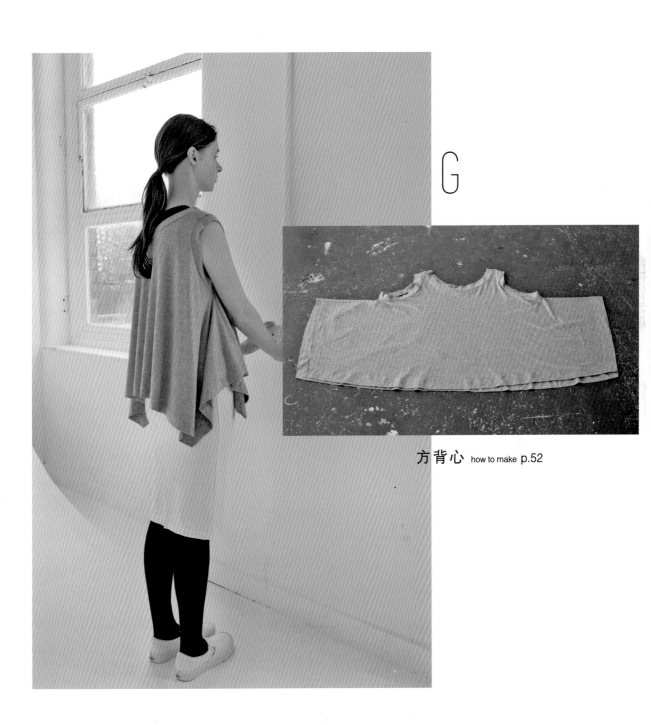

G

方背心 how to make **p.52**

毛毯背心

H

how to make p.55

15

钻石　how to make p.56

加号 & 等号　how to make p.58,60

J

K

举手形 how to make p.62

M

烧瓶形 how to make **p.61**

N

五角形 how to make p.64

N

O

22

Q

P

Q

梯形 how to make **p.66**

25

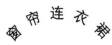

R

how to make p.68

S

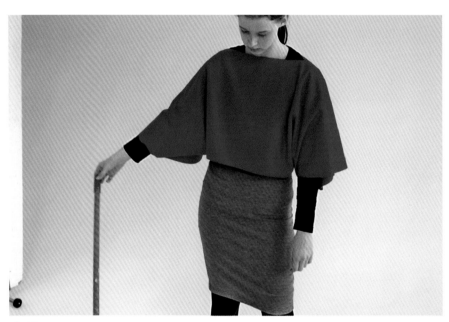

減号 how to make p.70

T

T 形 + 缩褶短裙 how to make p.71, 72

U-a

圆形斗篷 a　how to make p.74

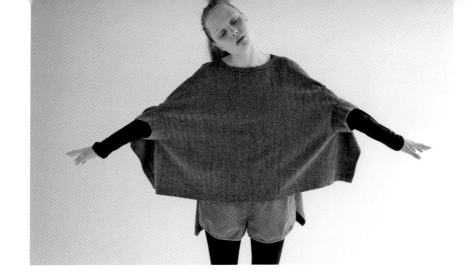

方形斗篷 how to make p.76

31

U-b

COTTON KHADI DOT PRINT W:125CM / THE CLOTH HOUSE U.K.

how to make **p.75**

L ★

FUZZY BROWN W:125CM / THE CLOTH HOUSE U.K.

how to make **p.62**

同一纸型替换各种布料制作，满足全季节的享受。
左：将 U（p.30）的圆形斗篷的布料（羊毛布）替
换成薄棉布，制作夏季款（袖口位置也有变化）。
右：将 L（p.20）的举手形的布料（绢网）替换成厚
的羊毛布，袖子是立体感的荷叶边。

W

方形手袋　how to make p.78

X

Y

披肩斗篷 how to make p.79

how to make

布料

■本书中介绍了把各种原本不适合身体的"形状"设计成服饰的方法，使之穿着起来具有独特感及贴身感。为了适合穿着，建议选择贴身的布料。例如，比起100%的棉布，人造丝混纺、汗布混纺、聚酯纤维混纺、真丝混纺、羊毛混纺等更柔软且舒服。但是，设计风格会因布料而改变，购买时需要展开布料，确认大体风格。

也请参考制作方法页面的"布料选择的关键"。

■部分作品是"净裁"处理的简洁、轻便设计，所以保留裁剪端部处理领窝、下摆及袖口等。这类作品建议选用揉搓也不会绽线的布料。另外，有的布料在重复水洗后也会出现绽线的情况，可以将绽线剪掉，或者保留并作为一种自然造型。净裁处理之后，成品效果更简洁，且不需要布端处理，制作过程变得简单。

尺码和纸型

■大部分作品使用附录的实物等大纸型制作。纸型为统一尺码，S至L尺码可对应使用。参考制作方法页的"成品尺寸"，与自己现有的衣服对比，更容易找到合适的尺码。

■已附注制作方法页面中使用的纸型，需要从附录的实物等大纸型中选择所需纸型描印至其他纸型。

■实物等大纸型基本为前衣片和后衣片重合而成的秩序。前后均为相同纸型在标注为"前后衣片"，领窝、下摆等局部不同的标注为"前衣片和后衣片"。局部不同的，需要将前衣片、后衣片分别描印。另外，衣片多是较大布件，需要按制作方法页面的"裁剪拼接图"，掌握纸型的形状。

■描印纸型时，布纹线、开衩止处、缝合止处等拼接标记不要忘记描印。

■实物等大纸型中不含缝份。请参考"裁剪拼接图"，加上所需缝份后裁剪布料。

布边的处理

作品中常用的领窝、袖口、下摆的布边处理方法。
同各作品的制作方法一并使用。

斜裁布带回针缝

用同一块布裁出的斜裁布带回针缝处理弧线布边的方法，常用于领窝。

★斜裁布带的裁剪方法

沿着布料的经纱、纬纱方向同尺寸量取，划出45度的斜线。量取与此斜线平行的布带宽（2cm），以此裁剪。

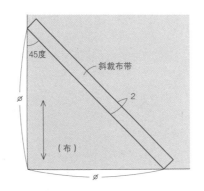

★缝制方法

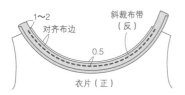

❶将裁剪成宽度2cm的斜裁布带一侧熨烫折入反面0.5cm。

❷衣片的领窝留0.5cm缝份裁剪。斜裁布带正面向内重合于领窝，对齐衣片和斜裁布带的布边，留0.5cm缝份缝合。

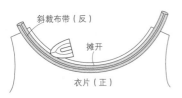

❸熨烫摊开领窝的缝份。

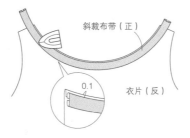

❹斜裁布带翻到衣片的反面，空出斜裁布带0.1cm，熨烫整齐。

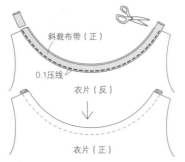

❺斜裁布带的边缘压线止缝，两端多出的部分剪掉。使用压线刻度尺等从衣片的正面压线，针脚更整齐。但是，有时也会发生车缝针脚偏离斜裁布带的情况。未熟练之前，建议从斜裁布带侧车缝。

净裁

需要整齐处理时，用不会绽线的布或难以绽线的布保留原样处理布边。担心净裁状态会绽线时，可以在裁边施加滚边车缝（压线）或锁边车缝。滚边车缝或锁边车缝均需在布边的正反面贴胶带或粘合衬，进一步起到防绽线的效果。使用时，请对布料进行区分。
此外，滚边车缝、锁边车缝均施加于布料的正面，特别是锁边车缝的针脚较为明显，需要使用颜色不明显的线仔细车缝。

★缝份为1~2cm时

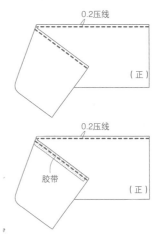

★锁边车缝

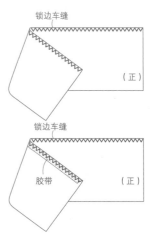

三折边车缝

折入布边 2 次，并用压线止缝的方法。熨烫整齐再折入，压线的效果更整齐。使用压线刻度尺等从衣片的正面压线，针脚更整齐。但是，有时也会发生车缝针脚偏离缝份折入边的情况。未熟练之前，建议从缝份侧车缝。

★ 缝份为 1~2cm 时

❶ 缝份的一半熨烫折入反面。

❷ 熨烫折入剩余的缝份。

❸ 三折边端部压线。

★ 缝份为 2cm 以上时

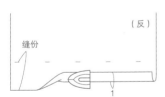

❶ 缝份边熨烫折入反面1cm。

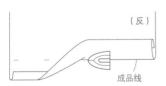

❷ 熨烫折入剩余的缝份。

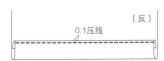

❸ 三折边端部压线。

边角的处理

如果边角仅以双折边或三折边处理，有时会出现厚度或缝份的多出情况，建议用任何角度的边角均能处理的缝制方法：厚布料双折边，薄布料及中等厚度布料三折边，以此根据布料厚度进行区分使用。

★ 双折边

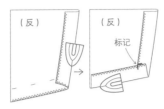

❶ 缝份边锁边车缝。熨烫折入2边的缝份，已折入的缝份边的交点侧标记。

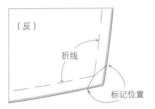

❷ 展开折线，连接缝份边的标记位置和成品线的边角（折线的交点），划线。

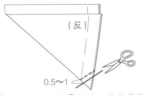

❸ 正面向内对齐❷的线，缝份裁剪至0.5~1cm。

❹ 熨烫摊开缝份。

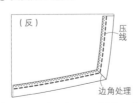

❺ 缝份翻到衣片反面，沿着一致的折线调整缝份，压线。

★ 三折边

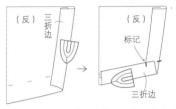

❶ 熨烫三折边2边的缝份，三折边的交点侧标记。

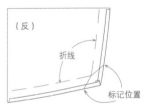

❷ 仅打开三折边的成品线折线，连接❶的标记位置和成品线的边角（折线的交点），划线。

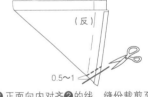

❸ 正面向内对齐❷的线，缝份裁剪至0.5~1cm。

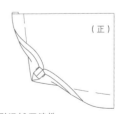

❹ 熨烫摊开缝份。

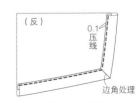

❺ 缝份翻到衣片反面，调整缝份的三折边，压线。

A

圆形 photo p.4,5

对齐 2 片圆形布料，留下领窝、袖口、下摆后订缝而成形状的衣服。左右的圆形成为垂边，造型简单却不乏味的束身衣。开衩般的袖子使手臂线条更具美感。

★ 斜裁布带的裁剪方法

沿着布料的经纱、纬纱方向同尺寸量取，划出 45 度的斜线。量取与此斜线平行的布带宽（2cm），以此裁剪。

★ 纸型（反面）

A 前衣片 A 后衣片

★ 材料

面料（羊毛针织布）…90cm × 180cm

成品尺寸

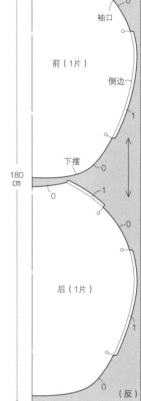

约81.5cm

约86.5cm

裁剪拼接图

外褶

领窝 肩

袖口

前（1片）

侧边

下摆

180 cm

后（1片）

（反）

90cm

1 处理缝份

前衣片及后衣片的四周净裁均锁边车缝。袖隆、下摆的锁边车缝针脚可见，所以用颜色不明显的线，从布料正面处理。

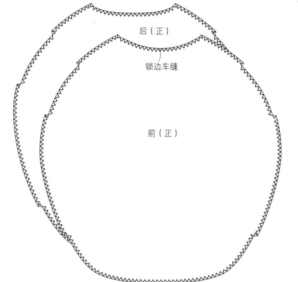

后（正）

锁边车缝

前（正）

2 缝合肩部和侧边

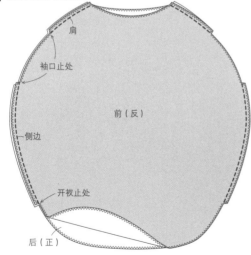

肩

袖口止处

前（反）

侧边

开衩止处

后（正）

正面对合前衣片和后衣片，缝合肩部和侧边。缝份熨烫摊开。

3 翻到正面

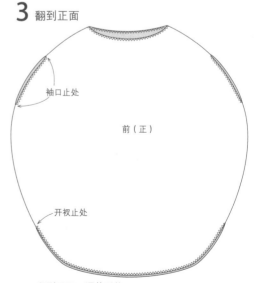

袖口止处

前（正）

开衩止处

翻到正面，调整形状。全部完成。

领窝、袖口、下摆难以净裁的布料的裁剪方法（面料使用量：105cm×190cm）和缝制方法。领窝用斜裁布带处理，袖口和下摆用三折边车缝处理。

裁剪拼接图

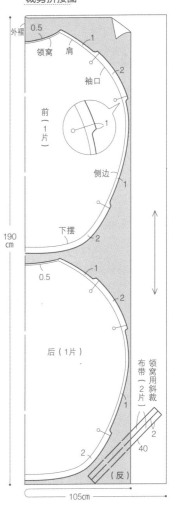

1 缝合领窝

前衣片及后衣片均用斜裁布带回针缝（→p.38）。接着，肩部和侧边的缝份侧用锁边车缝。

后（反）
肩
②锁边车缝
①用斜裁布带回针缝
侧边
前（反）

2 缝合肩部和侧边

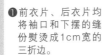

袖口
1三折边
前（反）
1三折边　下摆

❶前衣片、后衣片均将袖口和下摆的缝份熨烫成1cm宽的三折边。

后（正）
肩
袖口止处
打开折线
袖口止处
侧边
前（反）
开衩止处

❷正面对合前后衣片，打开❶的折线，缝合肩部和侧边，摊开缝份。

3 翻到正面

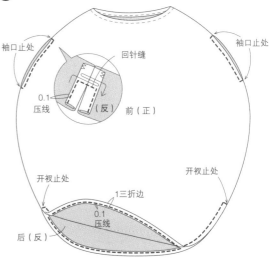

袖口止处
回针缝
0.1压线
前（正）
袖口止处
开衩止处
1三折边
0.1压线
后（反）
开衩止处

再次调整袖口和下摆的三折边，三折边端部压线。此时，袖口止处、开衩止处回针缝。全部完成。

41

B

方形 photo p.6,7

对齐 2 片方形，留下领窝、袖口、下摆后止缝而成形状的衣服。将领窝和下摆稍稍偏离中心，产生扭曲，使下摆变得生动。左右袖口不对称是关键。如果同布制作紧身裙，就是完美的套装。

★ 布料选择的关键
使用针织布中弹性最小的罗马布，条纹图案展现的扭动感是关键。张力强的布料四边过于整齐，建议使用具有贴合感的布料。

★ 纸型（反面）
B 前衣片 B 后衣片
B 前领窝贴边 B 后领窝贴边
* 袖口贴边按裁剪拼接图的尺寸直接裁剪布料。

★ 材料
面料（罗马布）…80cm×18cm
粘合衬…50cm×30cm

★ 制作方法的关键
使用具有伸缩性的布料制作时，袖口贴边笔直裁剪成带状。用没有伸缩性的布料制作时，斜裁或用斜裁布带（→ p.38）处理。

★ 准备
· 领窝贴边和下摆缝份的反面贴粘合衬。
· 用锁边车缝处理肩部、侧边、下摆的缝份和领窝贴边的外周。

成品尺寸

约71.5cm
约68.5cm

裁剪拼接图

* ▨ 是贴粘合衬的位置，贴于布料的反面

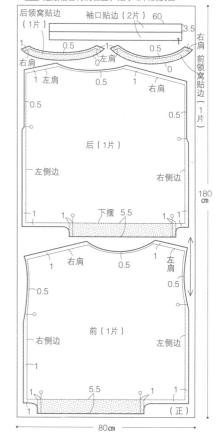

1 缝合肩部

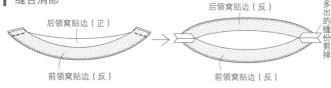

❶正面向内缝合前后领窝贴边的肩部，熨烫摊开缝份。

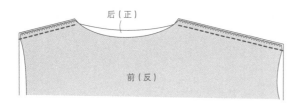

❷正面向内，缝合前衣片和后衣片的肩部，熨烫摊开缝份。

2 贴边缝接于领窝

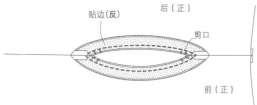

❶领窝贴边正面对合于衣片的领窝并缝合。肩部弧线过急的部分加入剪口。

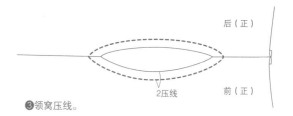

❷领窝贴边翻到衣片的反面，稍稍空出贴边，熨烫整齐。

❸领窝压线。

3 袖口缝接贴边

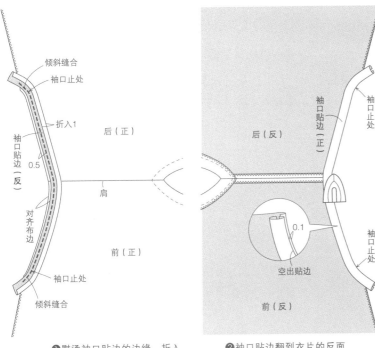

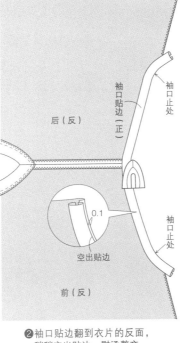

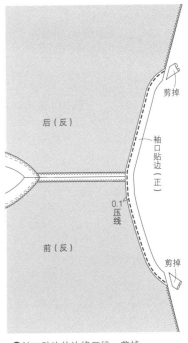

❶熨烫袖口贴边的边缘，折入
反面1cm，正面向内缝合于
衣片的袖口。

❷袖口贴边翻到衣片的反面，
稍稍空出贴边，熨烫整齐。

❸袖口贴边的边缘压线。剪掉
侧边多出的贴边。

4 缝合侧边至下摆

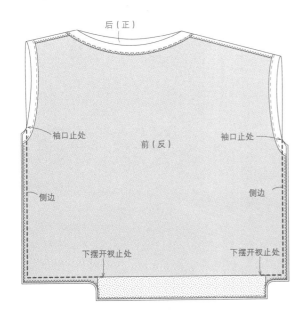

正面对合前后衣片，从袖口止处至下摆开衩止处，将侧
边将下摆缝合成L形。

5 处理下摆

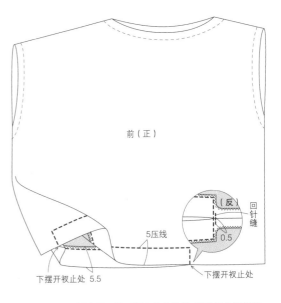

熨烫摊开侧边至下摆开衩止处的缝份，熨烫折入下摆的
缝份，前后下摆压线。下摆开衩止处回针缝(→p.47)。
全部完成。

B*

紧身裙 photo p.6,7

使用与 p.6 的方形背心相同的布料制作的紧身裙，同样适合与本书中介绍的其他款式的背心搭配，可以体验不同的套装搭配。

★ 布料选择的关键
因为是紧身裙，所以要选择有弹性的布料。

★ 纸型
无实物等大纸型。按裁剪拼接图的尺寸，制作长方形的纸型。

★ 材料
面料（罗马布）…100cm×50cm
松紧带…宽 3cm 适量

成品尺寸

43cm

M（臀围86～90cm）= 46cm
L（臀围91～96cm）= 49cm

裁剪拼接图

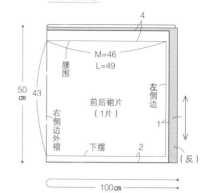

4
腰围 M=46 L=49
50cm
43
左侧边
右侧边外裙
前后裙片（1片）
下摆
1
2
（反）
100cm

1 处理缝份

锁边车缝
前后（正）

四周的缝份用锁边车缝。

2 缝合左侧边

左侧边
前后（反）

正面向内折入前后裙片，缝合左侧边。缝份熨烫整齐。

3 处理裙摆

左侧边
前后（反）
1.5压线　裙摆

下摆的缝份上折至反面2cm，压线。

4 处理腰围

3.5压线
3 松紧带穿口
前后（反）

❶腰围的缝份折入反面4cm，留下松紧带穿口，压线。

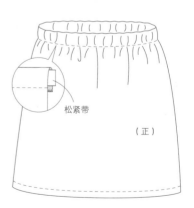

松紧带
（正）

❷松紧带穿入腰围缝份。试穿确定松紧带的长度，边缘重合2cm左右止缝。全部完成。

圆圈形 photo p.8

缝合2片圆形布料，前侧制作领窝，后侧制作下摆的开衩。穿上时前后错开，蚕形剪裁。领窝缝接圆形裁剪的镶边布，T恤般设计。如果想要制作得更简单，可以使用斜裁布带（→p.38）处理。

★ 布料选择的关节
应使用穿着舒适且贴身的布料，布料的弹性能够改变立体感。作品采用纤细织纹的棉人造丝布。

★ 纸型（正面）
C 前衣片　C 后衣片
C 领窝镶边布

★ 材料
面料（棉人造丝布）…90cm×200cm
粘合衬…55cm×35cm

★ 准备
· 下摆开衩的缝份、领窝镶边布的反面贴粘合衬。领窝镶边布按成品大小贴合。
· 前后衣片的1cm缝份部分用锁边车缝。

成品尺寸

80cm
79.5cm

裁剪拼接图

* 是贴粘合衬的位置。

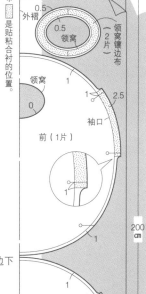

外褶
0.5
0.5 领窝
（领窝镶边布（2片）
领窝
0
前（1片）
2.5
袖口
1
1
200cm
1
2.5
袖口
后（1片）
1
后衣片拼接线
4
4
后下摆（反）
（反）
90cm

★ 缝制顺序

1 制作领窝镶边布。→p.46

2 衣片缝接镶边布。→p.46

3 缝合后衣片下摆的拼接线，三折边下摆开衩的缝份，压线。→p.47

4 正面对合前衣片和后衣片，留下袖口，缝合四周。

5 袖口缝份的三折边成1.5cm宽度，压线。→p.47

缝制顺序

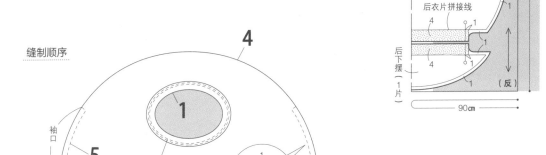

袖口
5
2
1
前（正）
4
1
1.5
0.1
压线
（反）
（反）　回针缝
0.5
后（正）
4
下摆开衩
3

D

四方圈形 photo p.9

在已缝合的 2 片方形布料前侧制作领窝，后侧制作下摆的开衩。领窝缝接圆形裁剪的镶边布，T 恤般设计。如果想要制作得更简单，可以使用斜裁布带(→p.38)处理。

★ 布料选择的关节
为了突出方形的造型感，使用稍有弹性的棉布。如果使用贴身布料，穿着更舒适、飘逸。

★ 纸型（反面）
D 前衣片 D 后衣片
D 领窝镶边布

★ 材料
面料（薄棉布）…100cm×170cm
粘合衬…60cm×45cm

★ 准备
·袖口、下摆开衩的缝份、领窝镶边布的反面贴粘合衬。领窝镶边布按成品大小贴合。
·前后衣片的袖口和下摆贴粘合衬部分的缝份用锁边车缝，袖窿除外。

成品尺寸

84.5cm
71.5cm

裁剪拼接图

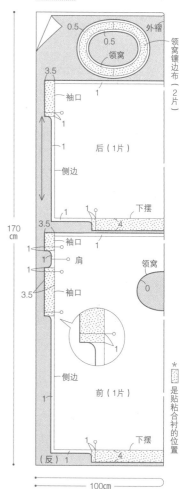

---

1 制作领窝镶边布

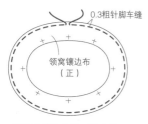

❶领窝镶边布外周的缝份侧用粗针脚车缝。

0.3粗针脚车缝

拉线
纸型
镶边布（反）

❷用厚纸制作领窝镶边布的成品大小纸型，对齐镶边布的反面。拉动正面的粗针脚车缝线，收缩缝份，熨烫折入反面，2片镶边布同样折入外周的缝份。

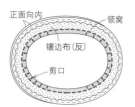

正面向内
领窝
镶边布（反）
剪口

❸正面对合2片镶边布，缝合领窝，弧线过急部分的缝份加入剪口。

反面向内
镶边布（正）

❹镶边布翻到正面，熨烫整齐。

---

2 领窝镶边布缝接于衣片

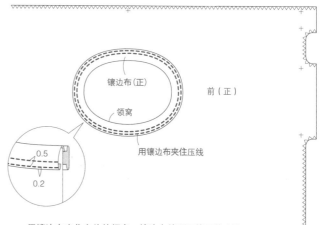

镶边布（正）
领窝
前（正）
0.5
0.2
用镶边布夹住压线

用镶边布夹住衣片的领窝，镶边布外周双线压线止缝。

46

3 缝合下摆

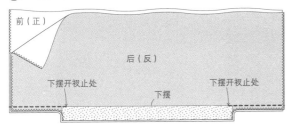

❶正面对合前衣片和后衣片的下摆，缝合至下
摆开衩止处。

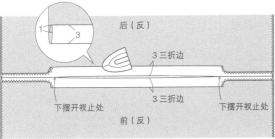

❷摊开缝份，下摆开衩部分的缝份三折边成
3cm宽度，熨烫整齐。

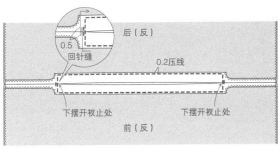

❸下摆开衩的三折边端部压线。

4 缝合衣片的上侧

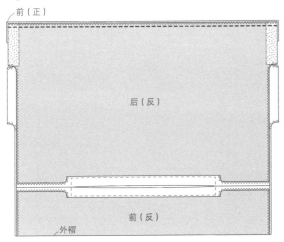

正面向内缝合前衣片和后衣片的上侧，缝份
摊开。

5 缝合侧边，处理袖口

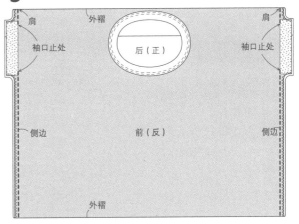

❶从肩部拼合标记位置开始正面向内折入衣片，正面对合前
后侧边，留下袖口后缝合。

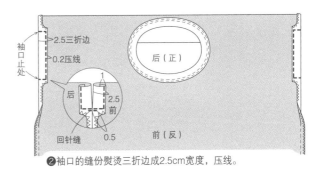

❷袖口的缝份熨烫三折边成2.5cm宽度，压线。

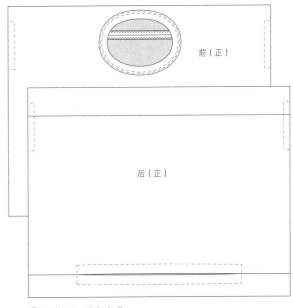

❸翻到正面，全部完成。

47

E

T形 a. 侧开衩 photo p.10

不缝合T形布料的侧边，制作成开衩的设计。
这是一款适合外穿的背心。

★ 布料选择的关键
建议使用轻薄、柔软且贴身的布料。

★ 纸型（正面）
E 前衣片 E 后衣片
* 前领窝用斜裁布带不制作纸型，按裁剪拼接
图的尺寸，直接裁剪布料。

★ 材料
面料（棉人造丝布）…110cm × 140cm
粘合衬…45cm × 10cm

成品尺寸

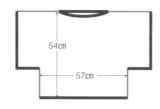

54cm
57cm

★ 准备
· 前后衣片的袖下开衩止处和后
衣片的领窝缝份的反面贴粘合
衬。
· 肩部、侧边的缝份用锁边车缝。

裁剪拼接图

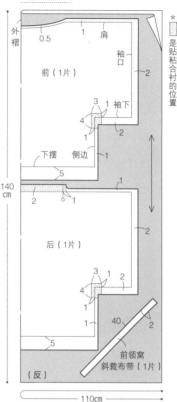

1　用斜裁布带处理前领窝

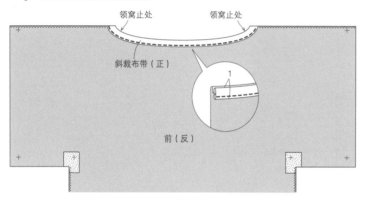

用斜裁布带回针缝处理前衣片的领窝，压线（→p.38）。

2　缝合肩部，处理后领窝

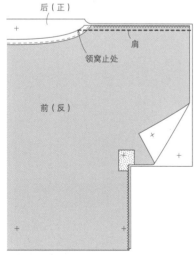

❶正面对合前衣片和后衣片，缝合肩部。

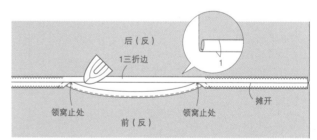

❷摊开肩部缝份，熨烫三折边后领窝的缝份。

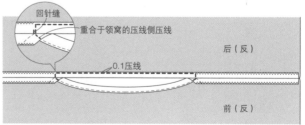

❸后领窝的三折边端部压线。

3 缝合侧边，处理袖下至袖口

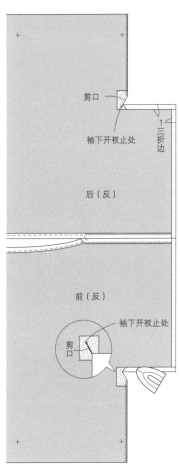

❶袖下开衩止处的边角加入剪口，熨烫三折边袖口、袖下的缝份。

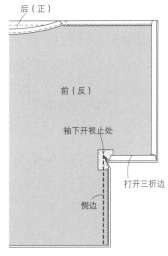

❷正面对合前后衣片的侧边，从袖下开衩止处缝合至下侧。侧边的缝份摊开。

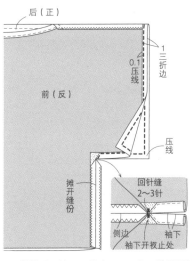

❸袖下至袖口压线（→p.39），袖下至袖口的三折边端部压线。已加入剪口的袖下开衩回针缝2~3针，防止绽线。

4 处理下摆

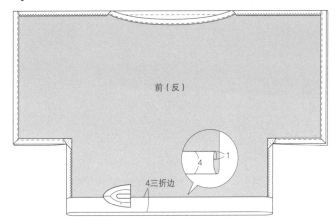

❶ 熨烫下摆的缝份，三折边成4cm宽度。

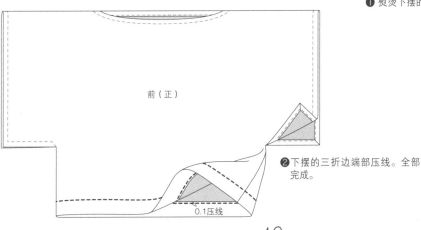

❷下摆的三折边端部压线。全部完成。

E

T 形 b. 袖下飘逸 photo p.11

T 形的袖下部分不缝合展开，挥动手臂时动作飘逸。

★ 布料选择的关键

建议使用布边轻盈摆动的轻薄且贴身的布料。

★ 纸型（正面）

E 前衣片　E 后衣片

*前领窝用斜裁布带制作纸型，按裁剪拼接图的尺寸，直接裁剪布料。

★ 材料

面料（棉人造丝布）…110cm×140cm
粘合衬…45cm×10cm

★ 准备

· 前后衣片的侧开衩止处和后衣片的领窝缝份的反面贴粘合衬。
· 肩部、袖下的缝份用锁边车缝。

成品尺寸

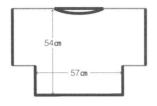

54cm
57cm

★ 缝制顺序

1 用斜裁布带处理前领窝。→ p.48

2 缝合肩部，三折边后领窝，压线。→ p.48

3 缝合袖下。已贴粘合衬的侧开衩止处的边角的缝份侧加入剪口，正面向内缝合前后的袖下。缝份摊开。

4 处理下摆、侧开衩。→见图

5 袖口的缝份三折边成 1cm 宽度，压线。

裁剪拼接图

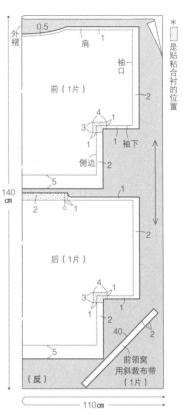

缝制顺序

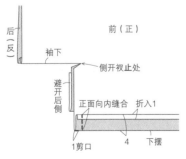

4 处理下摆、侧开衩

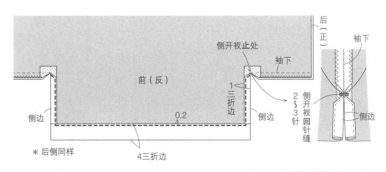

❶ 下摆的缝份熨烫并折入反面1cm，剩余的4cm缝份正面向内折入，仅缝合侧边部分。

❷ 下摆缝份翻到衣片的反面，三折边成4cm宽度，侧开衩的缝份三折边成1cm宽度，压线。侧开衩止处回针缝2～3针，防止绽线。

T 形 c. 变形方桶背心 photo p.11

T 形的肩部一部分和袖下制作成开衩的背心。原本的袖子部分为垂边，轻柔飘逸的柔美背心。

★ 布料选择的关键

建议使用布边轻盈摆动的轻薄且贴身的材料。

★ 纸型（正面）

E 前衣片 E 后衣片

＊前领窝用斜裁布带不制作纸型，按裁剪拼接图的尺寸，直接裁剪布料。

★ 材料

面料（棉人造丝布）…110cm×140cm
粘合衬…45cm×10cm

★ 准备

· 前后衣片的袖下开衩止处和后衣片的领窝缝份的反面贴粘合衬。
· 肩部的缝份锁边车缝。

成品尺寸

裁剪拼接图

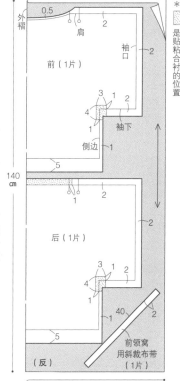

★ 布料选择的关键

1 用斜裁布带处理前领窝。
→ p.48

2 缝合肩部，三折边后领窝，压线。
→ p.48

3 缝合侧边。→ p.49 3- ❷

4 袖下至袖口的边角缝合
（→ p.39），肩部开衩止处至袖口的三折边端部压线。袖下开衩止处回针缝 2~3 针，防止绽线。→ p.49 3- ❸

5 下摆的缝份三折边成 4cm 宽度，压线。→ p.49

缝制顺序

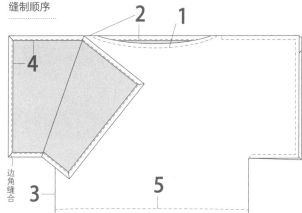

2 缝合肩部，处理后领窝

❶正面对合前后衣片的肩部，从领窝止处缝合至肩部开衩止处。

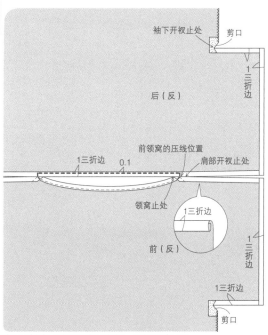

❷熨烫三折边后处理领窝至肩部、肩部至袖口以及袖下，前肩部至袖口以及袖下的缝份，仅后侧领窝三折边，边部压线。

G

方背心 photo p.13

这是一款长方形的背心。下摆飘逸，表现女性的柔美线条。

★ 布料选择的关键

拉伸领窝布、袖窿布后缝合，所以选择汗布、罗纹布等轻薄棉布。

★ 纸型（反面）

G 前衣片 G 后衣片
G 领窝布 G 袖窿布

★ 材料

面料（汗布）…130cm×140cm

★ 制作方法的关键

使用有弹性的棉布，领窝、袖窿拉伸之后缝合。因此，车缝线、针均使用适合棉布的类型。用丝棉布制作时，领窝和袖窿都可以使用，领窝、袖窿用斜裁布带回针缝（→p.38）或用镶边布（→p.76）处理。

成品尺寸

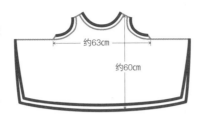

约63cm

约60cm

裁剪拼接图

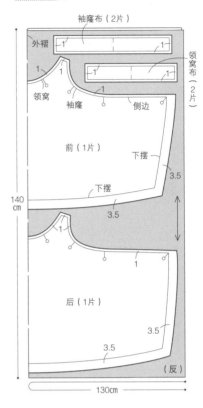

★ 准备

下摆的缝份侧用锁边车缝。

1　领窝布缝接于领窝

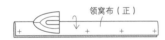

❶领窝布反面向内，对半折入。

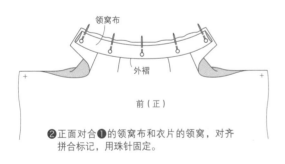

❷正面对合❶的领窝布和衣片的领窝，对齐拼合标记，用珠针固定。

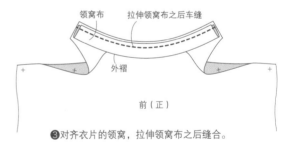

❸对齐衣片的领窝，拉伸领窝布之后缝合。

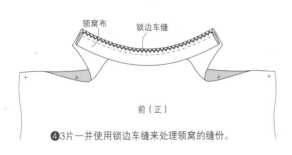

❹3片一并使用锁边车缝来处理领窝的缝份。

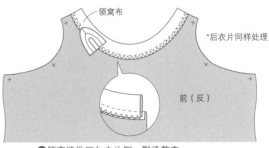

❺领窝缝份压向衣片侧，熨烫整齐。

2 缝合肩部

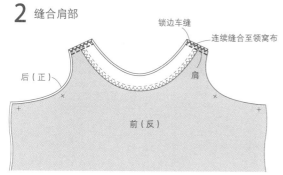

锁边车缝
连续缝合至领窝布
后（正）
肩
前（反）

❶正面对合前衣片和后衣片的肩部，缝合肩部至
领窝布。缝份2片一并锁边车缝。

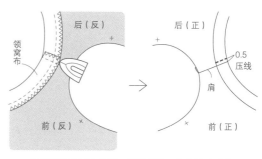

领窝布
后（反）
后（正）
0.5
压线
肩
前（反）
前（正）

❷肩部缝份压向后侧，熨烫整齐，仅领窝布的部
分压线。

3 袖窿布缝接于袖窿

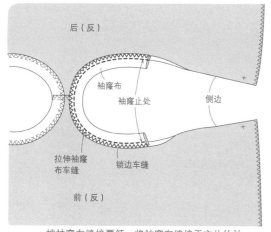

后（反）
袖窿布
袖窿止处
侧边
拉伸袖窿
布车缝
锁边车缝
前（反）

按袖窿布缝接要领，将袖窿布缝于衣片的袖
窿，缝份锁边车缝后压向衣片侧，熨烫整齐。

4 缝合侧边

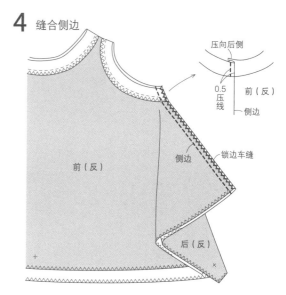

压向后侧
0.5
压线
前（反）
侧边
侧边
锁边车缝
前（反）
后（反）

❶正面对合前衣片和后衣片的侧边，缝合侧边至
袖窿布。缝份2片一并锁边车缝。
❷侧边缝份压向后侧熨烫整齐，仅袖窿布的部分
压线。

5 处理下摆

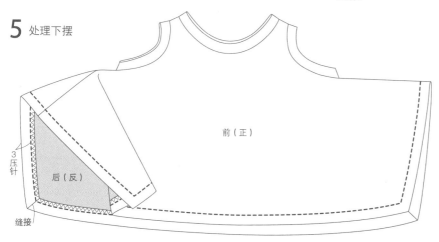

前（正）
3
压
针
后（反）
缝接

熨烫折入下摆的缝份，边角缝接（→p.39）压线。全部完成。

53

F

圆背心 photo p.12

圆形的背心。左右圆滑垂边，是一款设计感强的无袖连衣裙。

★ 布料选择的关键
用薄的人造丝棉布制作。如果用弹性布料制作，腰围会显得过大，所以建议使用薄且柔软的布料。

★ 纸型（正面）
F 前后衣片
＊领窝用斜裁布带、袖窿用斜裁布带不制作纸型，按裁剪拼接图的尺寸，直接裁剪布料。

★ 材料
面料（人造丝棉布）…100cm×240cm

★ 准备
肩部、侧边的缝份侧用锁边车缝。

成品尺寸

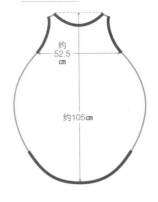

约52.5cm

约105cm

★ 缝制顺序

1 用斜裁布带回针缝领窝，压线。
→ p.38

2 缝合肩部。→图

3 按领窝相同要领，用斜裁布带回针缝袖窿，压线。

4 缝合侧边。正面对合2片前后衣片，缝侧边（从袖窿止处至下摆开衩止处），摊开缝份。

5 下摆开衩止处下方的下摆缝份三折边成1cm宽度，三折边端部压线。

裁剪拼接图

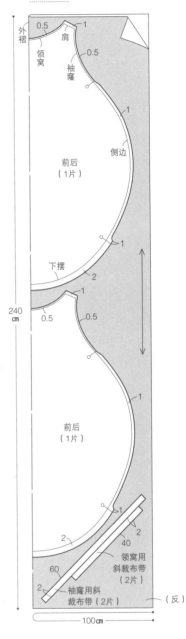

外褶
0.5 1
肩
领窝
0.5
袖窿
0.5
前后
（1片）
侧边
1
下摆
1
2
240cm
0.5
1
0.5
1
前后
（1片）
1
2
40
领窝用斜裁布带（2片）
60
2 袖窿用斜裁布带（2片）
（反）
100cm

缝制顺序

1

2

3

斜裁布带

（反）

0.5
（反）
回针缝

下摆开衩止处

1
三折边

4

5

2 缝合肩部

正面向内
肩
前后（反）

❶正面向内缝合2片前后衣片的肩部。

缭缝
缭缝
摊开
前后（反）

❷摊开缝份，领窝侧的缝份端部缭缝于领窝的斜裁布带。

54

毛毯背心 photo p.14,15

2片长方形布料仅缝合肩部和侧边，
肩部稍加弧线。接着，在手臂伸出的
袖口侧加入剪口。左右撑开部分沿着
肩部垂下，成为带弧线的袖子。

★ 布料选择的关键

领窝、袖窿、下摆为净裁，选择布
边不绽线的布或不易绽线的布。

★ 纸型（正面）

H 前衣片 H 后衣片

★ 材料

面料（毛毯）…110cm×130cm
粘合衬…25cm×5cm
胶带…宽 1cm 适量

★ 准备

·领窝的反面贴胶带，袖口的切口
位置反面贴粘合衬。
·领窝止至至开衩止处的肩部至侧
边的缝份侧用锁边车缝。

裁剪拼接图

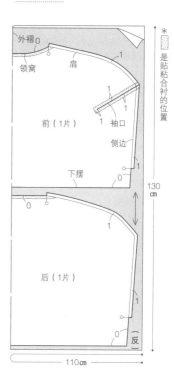

成品尺寸

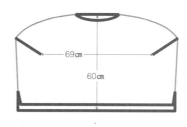

69cm

60cm

★ 缝制顺序

1 正面对合前衣片和后衣片，缝合
袖窿止处至开衩止处的肩部至侧
边，摊开缝份。

2 前衣片的袖口加入剪口。

3 袖口的剪口周围、领窝、下摆
至开衩止处滚边车缝。袖口的
两侧、领窝止处、开衩止处回
针缝 2~3 针。

缝制顺序

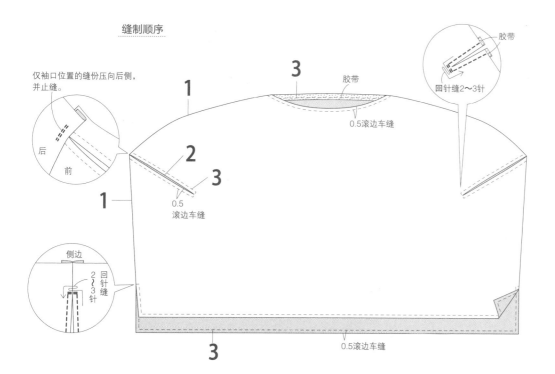

钻石 photo p.16，17

选择稍宽的六角形布料，给人一种袖下宽大、飘逸且柔和的印象。

★ 布料选择的关键

用怀旧毛毯制作。如果使用羊毛布等稍有弹性的布料，则方便运动。

★ 纸型（正面）

Ⅰ前后衣片

★ 材料

面料（羊毛布）…120cm×170cm
粘合衬…65cm×30cm

★ 制作方法的关键

作品使用怀旧毛毯，领窝利用毛毯的端部制作。但是，此处介绍的裁剪拼接图、缝制方法均是使用一般的布制作时的。领窝贴边、下摆贴边分别接着衣片裁剪。纸型以裁出领窝贴边、下摆贴边的形状制作。绘制实物等大纸型时，贴边的肩线从领窝线开始上下对称描绘，下摆贴边的侧边线同样。
→图

成品尺寸

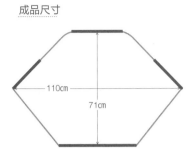

110cm
71cm

★ 准备

· 领窝贴边、下摆贴边、袖口缝份的反面贴粘合衬。→图
· 四周的缝份、贴边侧用锁边车缝。

裁剪拼接图

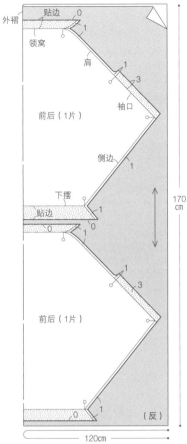

外褶 贴边 0
领窝
肩 1
1
3
袖口
前后（1片）
侧边
下摆
贴边
1
0 1
170cm
前后（1片）
1
3
120cm
前后（1片）
0 1
（反）

＊▨ 是贴粘合衬的位置

纸型的制作方法

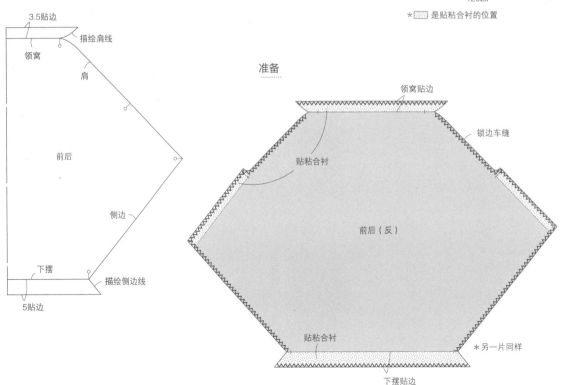

3.5贴边
描绘肩线
领窝
肩
前后
侧边
下摆
描绘侧边线
5贴边

准备

领窝贴边
锁边车缝
贴粘合衬
前后（反）
贴粘合衬
＊另一片同样
下摆贴边

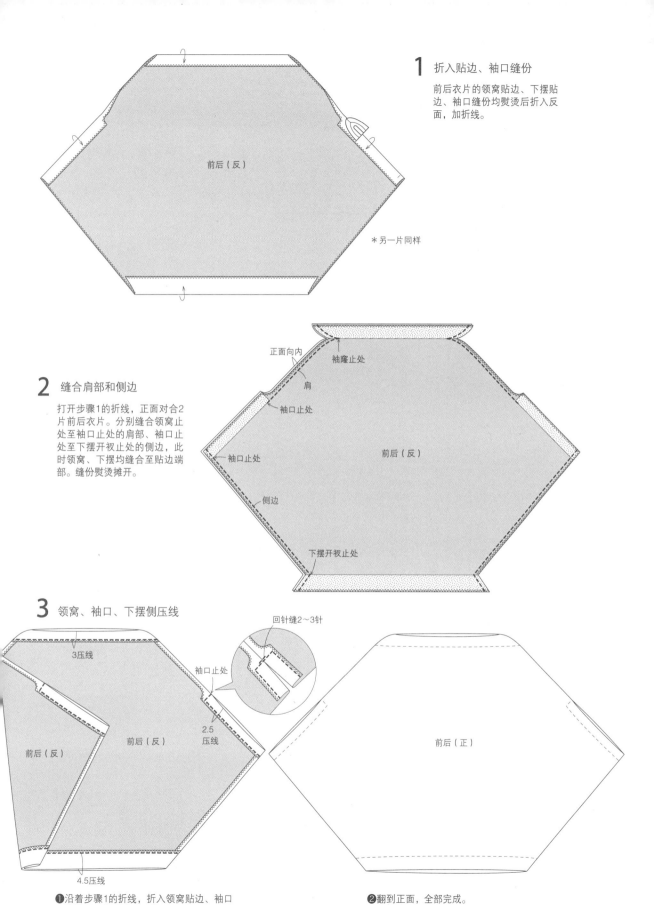

1 折入贴边、袖口缝份

前后衣片的领窝贴边、下摆贴边、袖口缝份均熨烫后折入反面，加折线。

前后（反）

＊另一片同样

2 缝合肩部和侧边

打开步骤1的折线，正面对合2片前后衣片。分别缝合领窝止处至袖口止处的肩部、袖口止处至下摆开衩止处的侧边，此时领窝、下摆均缝合至贴边端部。缝份熨烫摊开。

正面向内
袖窿止处
肩
袖口止处
袖口止处
侧边
前后（反）
下摆开衩止处

3 领窝、袖口、下摆侧压线

3压线
前后（反）
前后（反）
袖口止处
回针缝2～3针
2.5 压线
4.5压线

❶沿着步骤1的折线，折入领窝贴边、袖口缝份、下摆贴边，压线。

前后（正）

❷翻到正面，全部完成。

J

加号 photo p.18,19

这是一款"+"号形状的背心。使用弹性布料，还能作为外套穿着。

★ **布料选择的关键**

作品使用弹性布料。但是，如果使用柔软的羊毛或针织布料，领窝会显得更加随意且具造型感。

★ **纸型（反面）**

J 前后衣片

★ **材料**

面料（棉布）…130cm × 180cm
粘合衬…70cm × 50cm

★ **制作方法的关键**

袖口贴边接衣片裁剪。纸型以裁出袖口贴边的形状裁剪。描绘实物等大纸型时，袖口贴边的肩线、袖下线分别从袖口线对称描绘衣片的线。→图

成品尺寸

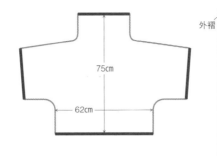

75cm

62cm

裁剪拼接图

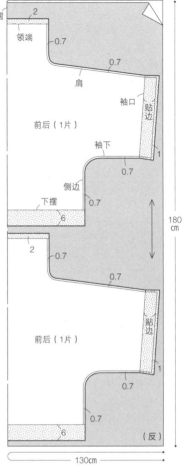

外褶　2
领端　0.7
　　0.7
肩
袖口　贴边
前后（1片）
袖下
0.7
侧边　1
下摆　0.7
6
180cm
2
0.7
0.7
侧边
前后（1片）
贴边
0.7
1
130cm
0.7
6
（反）

* ▨是贴粘合衬的位置

★ **准备**

· 领端的缝份、下摆缝份、袖口贴边的反面贴粘合衬。→图
· 肩部、袖下至侧边的缝份侧用锁边车缝。

纸型的制作方法

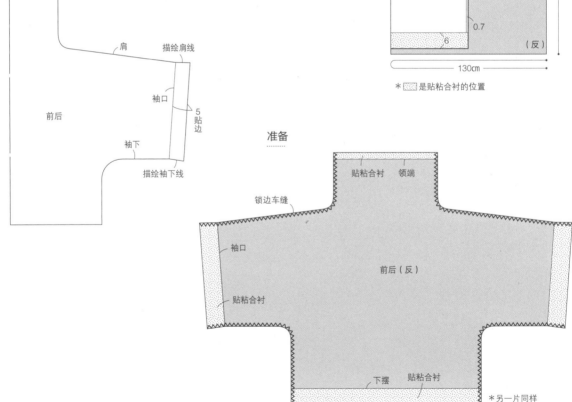

肩　描绘肩线
袖口
5 贴边
前后
袖下
描绘袖下线

准备

贴粘合衬　领端
锁边车缝
袖口
前后（反）
贴粘合衬
下摆　贴粘合衬
*另一片同样

1 三折边领端、下摆、袖口

领端的缝份三折边成1cm宽度，下摆和袖口三折边成5cm宽度，加折线。

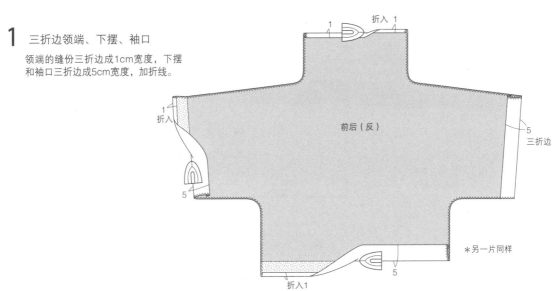

折入1

1

折入1

前后（反）

1
折入

5

5
三折边

5

折入1

＊另一片同样

2 缝合肩部和袖下至侧边

正面对合2片前后衣片，打开步骤1的折线，分别缝合袖下至侧边。缝份熨烫摊开。

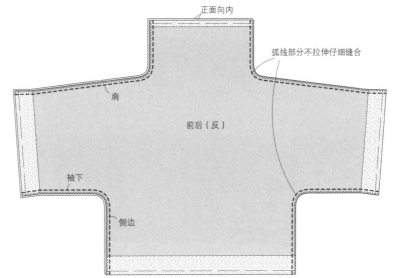

正面向内

弧线部分不拉伸仔细缝合

肩

前后（反）

袖下

侧边

3 领端压线

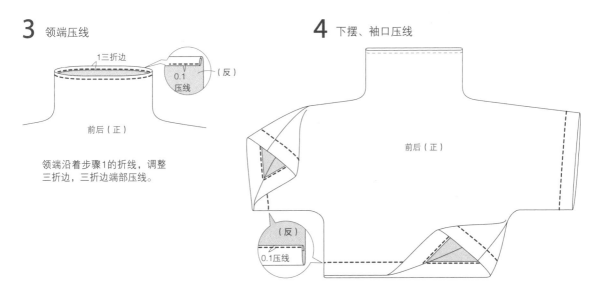

1三折边

0.1
压线

（反）

前后（正）

领端沿着步骤1的折线，调整三折边，三折边端部压线。

4 下摆、袖口压线

前后（正）

（反）

0.1压线

下摆、袖口均沿着步骤1的折线调整三折边，三折边端部压线。

59

K

等号 photo p.18,19

这是一款露出指尖的长手套。裁剪边不处理，制作简单，用羊毛布制作。适合搭配袖较短的外套，且长度可按喜好调节。

★ 布料选择的关键

净裁处理，选择裁边不易绽线的布料。柔软的布料更贴合肌肤，且蜿蜒美观。

★ 纸型（反面）

K 内侧上 K 内侧下 K 外侧

★ 材料

面料（羊毛布）…80cm×60cm

成品尺寸

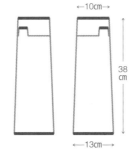

裁剪拼接图

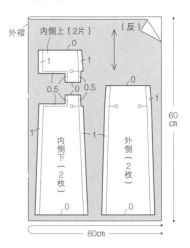

1 缝合内侧的布件

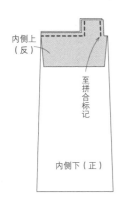

❶正面对合内侧的上下布件，留下大拇指孔后缝合。

❷摊开图示位置的缝份。另一组也同样缝合。

2 缝合内侧和外侧

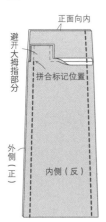

❶正面对合内侧和外侧，缝合两侧。大拇指部分避开至上方，缝合大拇指位置下方。

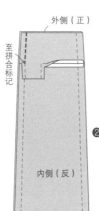

❷避开大拇指部分，缝合大拇指上方。

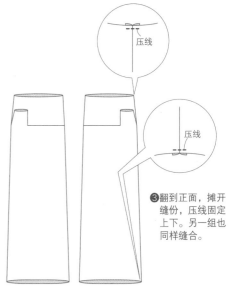

❸翻到正面，摊开缝份，压线固定上下。另一组也同样缝合。

烧瓶形 photo p.21

这是一款烧瓶形状的设计，连肩袖和展开的下摆多了几分少女气质。后侧稍长，是一种从侧面看很具动感的设计。

★ 布料选择的关键

用沉稳色调的布料，成熟风的成品效果。

★ 纸型（正面）

M 前衣片 M 后衣片

＊领窝用斜裁布带不制作纸型，按裁剪拼接图的尺寸，直接裁剪布料。

★ 材料

面料（聚酯纤维布）…110cm×150cm
粘合衬…20cm×15cm

★ 准备

·袖口止处贴粘合衬。→图
·袖口止处的缝份加入剪口，侧边和肩部的缝份侧用锁边车缝。→图

成品尺寸

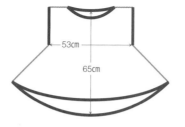

53cm
65cm

★ 缝制顺序

1 前衣片、后衣片均用斜裁布带回针缝。→ p.38

2 正面向内缝合前衣片和后衣片的肩部，摊开缝份。从正面重合于步骤 1 的压线侧再压线，将肩部缝份缝于领窝侧。→ p.67

3 熨烫三折边袖口缝份，加折线，正面对合前衣片和后衣片的侧边，打开三折边的折线，缝合侧边。缝份摊开。

4 袖口的三折边端部压线。袖口止处回针缝 2~3 针，用于加固。

5 三折边下摆的缝份，三折边端部压线。

裁剪拼接图

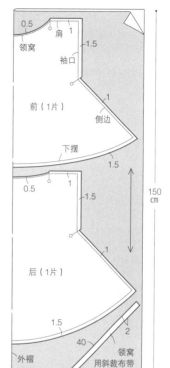

0.5　肩　1
领窝　1.5
袖口
前（1片）　1
侧边
下摆
1.5

0.5　1
1.5

后（1片）　1
150cm

1.5
外褶（反）　40　2
领窝
用斜裁布带（2片）

110cm

准备

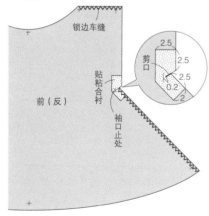

锁边车缝
前（反）
贴粘合衬
袖口止处
＊后侧也同样

剪口
2.5
2.5
2.5
0.2
2

缝制顺序

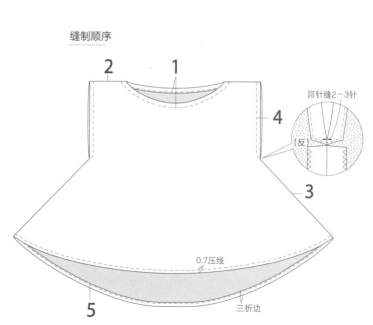

2　1
4
回针缝2~3针
（反）
3
0.7压线
三折边
5

L , L*

举手形 photo p.20，33
这是一款举手般的形状设计，穿着时呈荷叶边袖。

★ 布料选择的关键
p.20 用镂空感的绢网，肩部飘逸轻盈。
p.33 用压缩针织布，袖子有立体感。
两种选择均能轻松完成袖子制作的净裁，要使用用不易绽线的布料。

★ 纸型（正面）
L 前衣片 L 后衣片
*p.20 的领窝用斜裁布带不制作纸型，按裁剪拼接图的尺寸，直接裁剪布料。

★ p.20 的材料
面料（网编布）…80cm×170cm

★ p.33 的材料
面料（压缩针织布）…80cm×160cm

★ 制作方法的关键
p.20 和 p.33 的领窝和下摆的处理方法不同，但肩部和侧边的缝制方法相同。

★ 准备
肩部和侧边的缝份用锁边车缝。

成品尺寸

约56.5cm

约60cm

p.20 的裁剪拼接图

领窝
用斜裁布带
（2片）
2
45
肩
1
0
0.5
领窝
袖口
前（1片）
侧边 1
下摆
170
cm
2
外褶
1
0.5
后（1片）
1
0
2
（反）
80cm

p.33 的裁剪拼接图

外褶
0
肩
0
领窝
前（1片）
侧边 1
下摆
160
cm
1
0
0
后（1片）
1
1
0
（反）
80cm

1 处理领窝

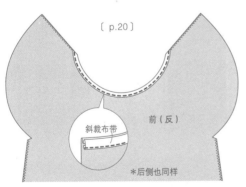

〔p.20〕

前（反）

斜裁布带

*后侧也同样

前衣片、后衣片均用斜裁布带回针缝处理领窝。→p.38

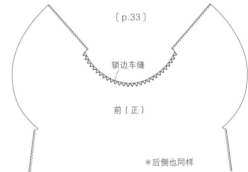

〔p.33〕

锁边车缝

前（正）

*后侧也同样

前衣片、后衣片均在领窝侧用锁边车缝。此时针脚可见，需要用颜色不明显的线仔细车缝。

2 缝合肩部（p.20,33 通用）

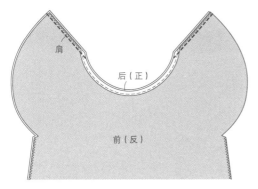

❶正面对合前衣片和后衣片，
缝合肩部。

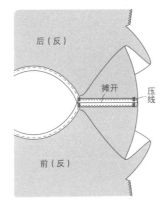

❷摊开肩部缝份，领窝侧、袖口侧均压
线0.5～1cm固定。

3 缝合侧边（p.20,33 通用）

正面向内缝合前衣片和后衣片的侧
边，缝份摊开。

4 处理下摆

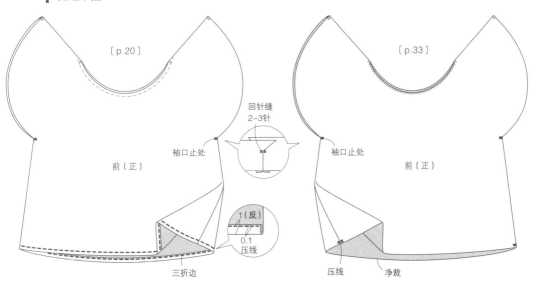

下摆的缝份三折边成1cm宽度，压线。袖口止
处侧边回针缝2~3针，用于加固。

下摆保留净裁，侧边压线1cm左右，固定摊开的
侧边缝份。袖口止处回针缝2~3针，用于加固。

N,O

五角形 N（背心）・O（连衣裙）photo p.22，23

N 为五角形的背心，O 为 N 增加尺码后的连衣裙。相同形状，仅改变尺寸就是另一个款式。两款均将下边一侧作为下摆的独特剪裁，N 的下边左侧为下摆，O 的下边右侧为下摆。

★ 布料选择的关键

建议使用柔软且贴身的布料。边角自然，垂边整齐。

★ 纸型（反面）

N、O 前衣片 N、O 后衣片
＊领窝用斜裁布带、袖口用斜裁布带不制作纸型，按裁剪拼接图的尺寸，直接裁剪布料。

★ N 的材料

面料（天丝布）…100cm×190cm
粘合衬…60cm×15cm

★ O 的材料

面料（天丝布）…130cm×240cm
粘合衬…70cm×15cm

★ 准备

・下摆的贴边侧贴粘合衬。
・肩部、侧边、下边不缝接贴边部分的缝份侧用锁边车缝。

成品尺寸

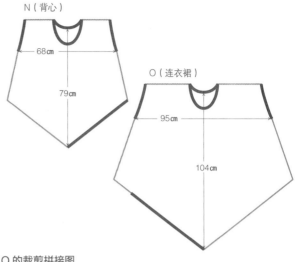

N 的裁剪拼接图

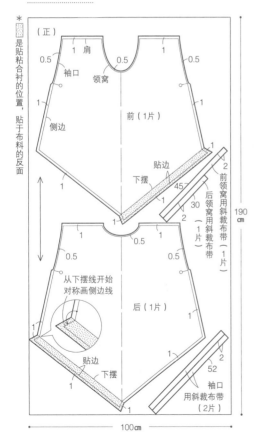

O 的裁剪拼接图

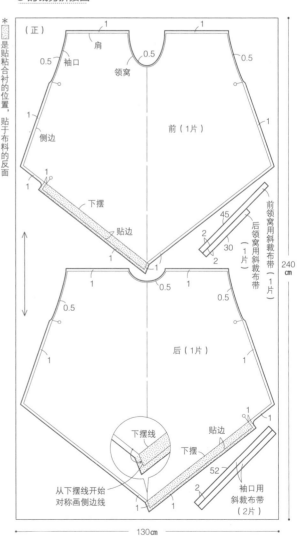

★ 缝制顺序（N、O通用）

1 前衣片及后衣片的领窝均用斜裁布带回针缝。→ p.38

2 正面对合前衣片和后衣片，缝合肩部。缝份摊开，从正面重合于步骤1成品的压线侧再压线，将肩部缝份固定于领窝侧。→ p.67

3 按领窝相同要领，用斜裁布带回针缝袖口。

4 缝合侧边至下摆的开衩止处。→图

5 调整下摆贴边的三折边，三折边端部压线。

缝制顺序

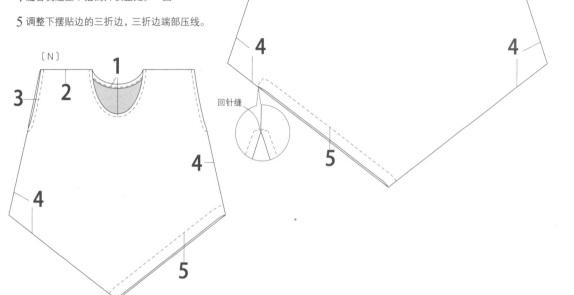

重合于袖窿的压线侧再压线

回针缝

4 缝合侧边至下摆的开衩止处

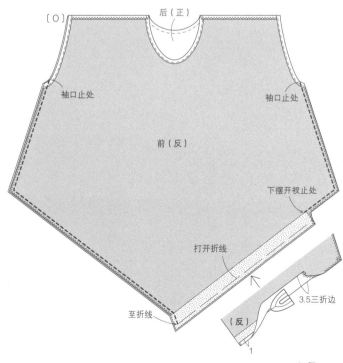

〔O〕

后（正）

袖口止处　袖口止处

前（反）

下摆开衩止处

打开折线

至折线　3.5三折边

（反）

1

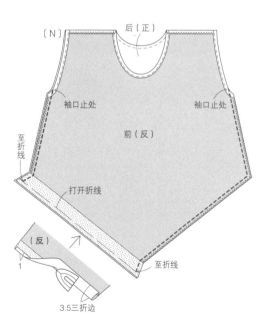

〔N〕

后（正）

袖口止处　袖口止处

至折线

前（反）

打开折线

至折线

（反）

1

3.5三折边

前衣片、后衣片的贴边分别熨烫三折边，加折线。打开此折线，正面对合前衣片和后衣片，留下袖口止处下方、下摆的开衩部分，如图所示缝合。缝份摊开。

P,Q

梯形 P（束身衣）·Q（背心）photo p.24，25

两侧加入剪口，就会成为看起来像梯形的束身衣和背心。
下摆的剪裁比较独特。

★ 布料选择的关键

束身衣选择蓝色的薄牛仔布，背心选择双色混纺的薄羊毛布。或者，
用粗织的麻布或印花布等独具特色的布料。

★ 纸型（正面）

P、Q 前后衣片
*领窝用斜裁布带不制作纸型，按裁剪拼接图的尺寸，直接裁剪布料。

★ P（束身衣）的材料

面料（薄牛仔布）…90cm×320cm
粘合衬…35cm×15cm

★ Q（背心）的材料

面料（薄羊毛布）…60cm×290cm
粘合衬…35cm×15cm

★ 制作方法的关键

束身衣和背心仅长度不同，制作方法相同。

★ 准备

· 袖口的缝份贴粘合衬。
· 领窝以外的缝份用锁边车缝。

成品尺寸

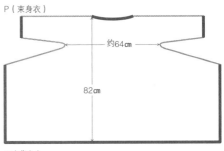

Q 的裁剪拼接图

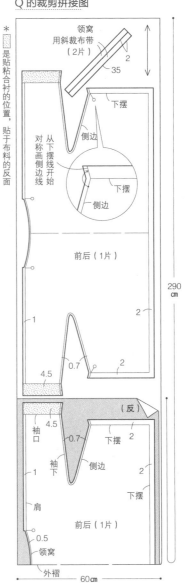

P 的裁剪拼接图

1 处理领窝

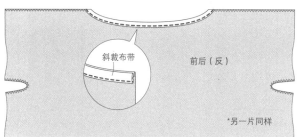

斜裁布带

前后（反）

*另一片同样

2片前后衣片的领窝分别用斜裁布带回针缝。→p.38

2 缝合肩部

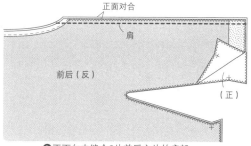

正面对合

肩

前后（反）

（正）

❶正面向内缝合2片前后衣片的肩部。

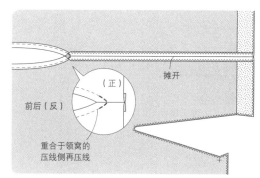

（正）

摊开

前后（反）

重合于领窝的压线侧再压线

❷熨烫摊开肩部缝份。领窝侧从正面重合于步骤1成品的压线侧再压线，固定摊开的肩部缝份。

3 缝合袖下至侧边

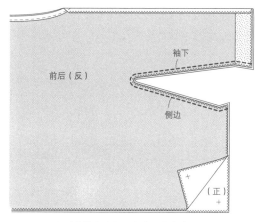

袖下

前后（反）

侧边

（正）

正面对合前衣片和后衣片，缝合袖口至开衩止处的袖下及侧边，缝份摊开。发卡形状的弧线部分无法整齐摊开，拉伸缝份，熨烫整齐缝份。

4 处理袖口及下摆

熨烫折入袖口及下摆的缝份，压线。下摆的边角缝合（→p.39），压线。

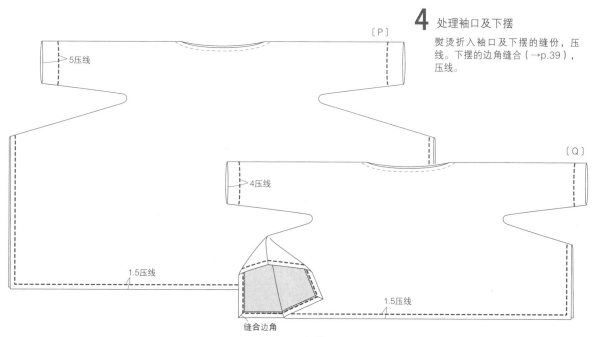

〔P〕

5压线

〔Q〕

4压线

1.5压线

1.5压线

缝合边角

窗帘连衣裙 photo p.26，27

用 T 恤改大的连衣裙。重合 2 片衣片，下装只需内衣，穿着方便。

成品尺寸

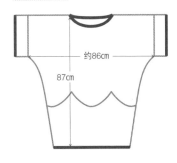

约86cm

87cm

★ 布料选择的关键

使用净裁且不会绽线的怀旧窗帘花边布，衣片的下摆利用窗帘花边布的花边，裁剪成大波浪形。需要按纸型制作时，选择不绽线的布料。下摆不必拘泥于纸型的波浪形，可以对应使用花边布裁剪，或者根据布料搭配。此外，用普通布料制作时，建议上下衣片的下摆均直线三折边端部车缝处理，且锁边车缝肩部、侧边的缝份。

★ 纸型（正面）

R 前衣片上 R 前衣片下 R 后衣片上 R 后衣片下
R 袖口布

★ 材料

面料（窗帘花边布）…110cm×380cm

★ 制作方法的关键

上衣片及下衣片的肩部和侧边的缝份、下摆保留净裁状态。

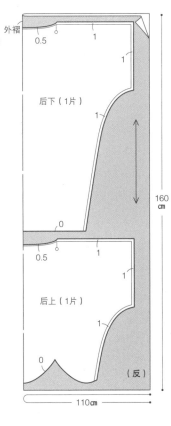

外裙

0.5　　1

1

后下（1片）

1

160cm

0

0.5　　1

1

后上（1片）

1

0

110cm

（反）

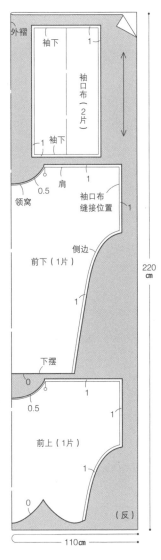

外裙

袖下　　1

袖口布（2片）

袖下

1　袖下

肩

0.5

领窝　　袖口布
　　　　缝接位置　　1

侧边

前下（1片）

220cm

下摆

0

0.5

1

前上（1片）

1

0

110cm

（反）

1 缝合领窝

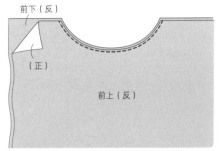

前下（反）

（正）

前上（反）

❶前衣片、后衣片的上衣片正面均重合于下衣片的反面，缝合领窝。

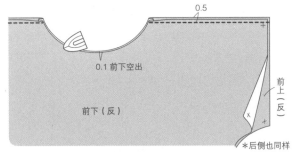

0.5

0.1 前下空出

前下（反）

前上（反）

＊后侧也同样

❷上衣片翻到正面，熨烫整齐领窝。避免2片错开，肩部缝份侧用车缝。

2 缝合肩部

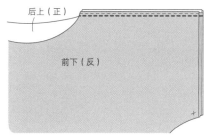

正面对合前衣片和后衣片，4片一并缝合肩部。
缝份摊开。

4 缝接袖口布

❶熨烫折入袖口布缝接侧的
一处缝份，加折线。打
开折线，袖下正面向内
缝合，缝份摊开。

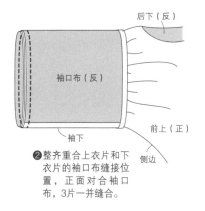

❷整齐重合上衣片和下
衣片的袖口布缝接位
置，正面对合袖口
布，3片一并缝合。

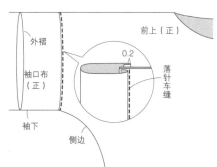

❸袖口布翻到正面，缝份压向袖口布侧，熨烫整
齐。袖口布反面向内对半折入，❶的折线重合
于❷的车缝线侧0.2cm左右，用珠针固定，从
衣片正面落针车缝袖口布边缘。

3 缝合侧边

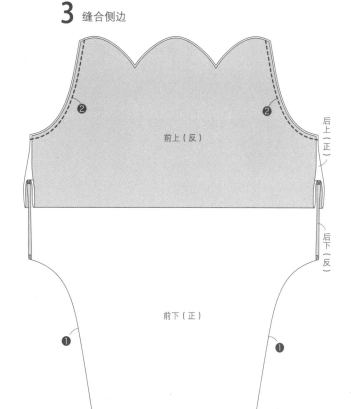

❶下衣片的前后侧边正面向内缝合，缝份压向后侧。
❷上衣片的前后侧边正面向内缝合，缝份压向后侧。

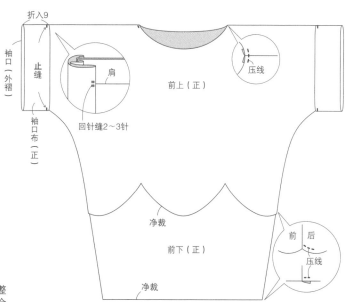

❹从外褶折入袖口布，隐蔽缝合肩部和袖下。压向后侧的侧边的
缝份下摆侧同样压线固定。

S

减号 photo p.28

把 T 形的长度尽可能缩短制作的背心。
如果用弹性的羊毛布制作，完全不同于
T 形的造型感。搭配连衣裙等，更加靓丽。

★ 布料选择的关键

净裁处理，所以应选择不绽线或不易
绽线的布料。如果选用弹性布料，柔
软质感穿着更舒适。

★ 纸型（反面）

S 前后衣片

★ 材料

面料（压缩羊毛布）···120cm × 90cm
胶带···1cm × 340cm

★ 准备

· 领窝、袖口、下摆的反面布边贴胶带。
· 肩部、侧边的缝份侧用锁边车缝。

成品尺寸

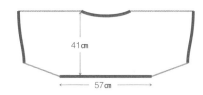

41cm

57cm

裁剪拼接图

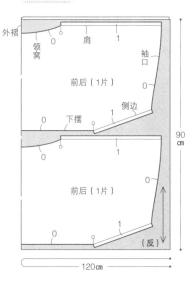

外褶
领窝
肩
袖口
前后（1片）
下摆
侧边
前后（1片）
（反）
90cm
120cm

1 缝合肩部和侧边

正面对合两片，缝
合肩部和侧边，摊
开缝份。

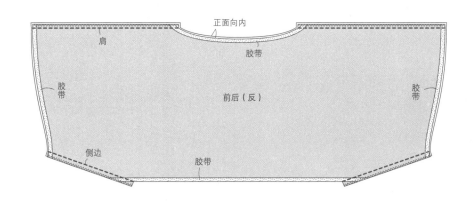

正面向内
肩
胶带
胶带
胶带
前后（反）
侧边
胶带

2 压线

领窝、袖口、下摆
的净裁侧压线，防
止绽线或拉伸。此
时，各止缝侧回针
缝2~3针。

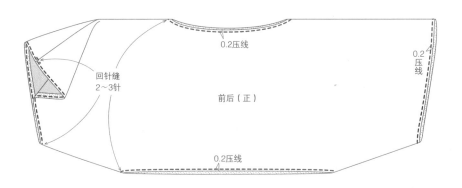

0.2压线
0.2压线
回针缝
2~3针
前后（正）
0.2压线

T形 *photo p.29*

T形的大袖为垂边，比 T 恤的剪裁更宽松。搭配同布制作的缩褶短裙(→ p.72)，完美搭配。

★ 布料选择的关键

选择合适的布料，制作出成熟的效果。搭配条纹或格纹，成品效果更佳。

★ 纸型（正面）

T 前后衣片 T 袖口贴边

＊领窝用斜裁布带不制作纸型，按裁剪拼接图的尺寸，直接裁剪布料。

★ 材料

面料（人造丝混纺的格纹布）…110cm×180cm

粘合衬…30cm×70cm

★ 准备

・袖口贴边的反面布端贴粘合衬。

・肩部和袖下至侧边的缝份侧用锁边车缝。

成品尺寸

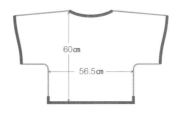

60㎝

56.5㎝

裁剪拼接图

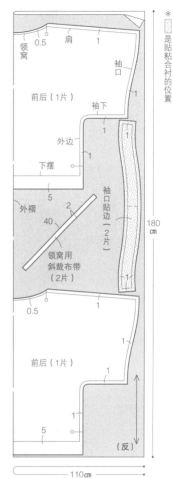

＊ 🔲是贴粘合衬的位置

★ 缝制顺序

1 2片前后衣片的领窝分别用斜裁布带回针缝。→ p.38

2 2片前后衣片的肩部正面向内缝合。缝份摊开，从正面重合于步骤 1 成品的压线侧再压线，将肩部缝份固定于领窝侧。→ p.67

3 正面对合 2 片前后衣片的袖下和侧边，缝合袖口至侧边的开衩止处，摊开缝份。

4 袖口缝接贴边。→图

5 调整下摆贴边的三折边，三折边端部压线。

缝制顺序

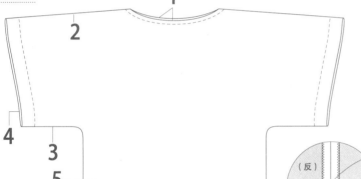

4 袖口缝接贴边

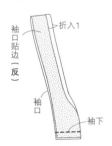

❶折入袖口贴边端部的缝份，打开折线，袖下正面向内缝合。缝份摊开。

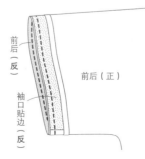

❷贴边正面向内缝合于衣片的袖口。

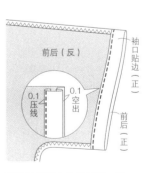

❸贴边翻到衣片的反面。稍稍空开贴边，熨烫整齐袖口，贴边端部压线。

缩褶短裙 photo p.29

长方形短裙的腰围用松紧带收缩，制作出来的基本款
缩褶短裙的长度按合适尺寸调整。

★ 布料选择的关键

这款作品使用柔顺布料制作，实际上它是适合任何布
料的通用款。

★ 纸型（正面）

T 袋布

＊前后裙片无实物等大纸型，按裁剪拼接图的尺寸
（37.5cm×57.5cm），裁剪长方形的纸型。

★ 材料

面料（人造丝混纺的格纹布）…90cm×180cm
胶带…1cm×70cm
松紧带…3cm 适量

★ 准备

· 前后裙片中一片的两侧的口袋口缝份侧贴粘胶带。
贴胶带一侧为前裙片，另一片为后裙片。→图
· 前裙片、后裙片、袋布的侧边缝份侧用锁边车缝。
→图

成品尺寸

57.5cm

75cm

裁剪拼接图

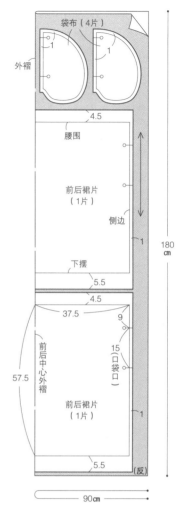

袋布（4片）

外褶

腰围

4.5

前后裙片（1片）

侧边

下摆

5.5

180cm

4.5

37.5

9

前后中心外褶

57.5

口袋口 15

前后裙片（1片）

5.5

（反）

90cm

准备

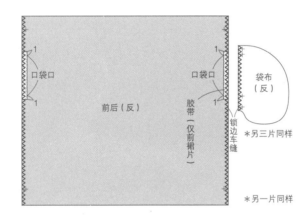

前后（反）

口袋口 1

口袋口 1

口袋口 1

袋布（反）

胶带（仅前裙片）

锁边车缝 ＊另三片同样

＊另一片同样

1 缝接袋布

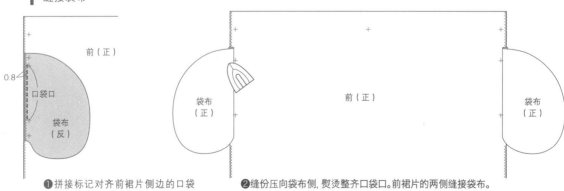

0.8

口袋口

袋布（反）

前（正）

袋布（正）

前（正）

袋布（正）

❶拼接标记对齐前裙片侧边的口袋
口，袋布正面向内重合，缝合口袋
口，留0.8cm的缝份。

❷缝份压向袋布侧，熨烫整齐口袋口。前裙片的两侧缝接袋布。

2 缝合侧边

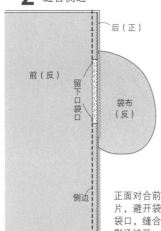

后（正）

前（反）

留下口袋口

袋布（反）

侧边

正面对合前裙片和后裙片，避开袋布，留下口袋口，缝合侧边。缝份熨烫摊开。

3 完成口袋

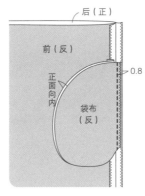

后（正）

前（反）

正面向内

袋布（反）

0.8

❶另一片袋布正面向内重合于缝接于前裙片的袋布，止缝于后裙片的侧边缝份。

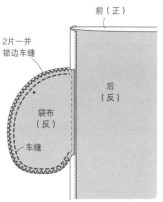

前（正）

2片一并锁边车缝

后（反）

袋布（反）

车缝

❷缝合袋布的外周，缝份2片一并锁边车缝。

前（反）

后（反）

袋布（反）

压向前侧

前（正）

回针缝2~3针

口袋口

❸袋布整齐压向前裙片侧，从正面回针缝口袋口的上下侧。

4 处理下摆

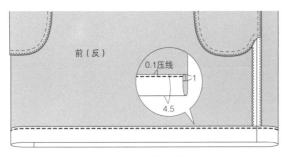

前（反）

0.1压线

1

4.5

下摆缝份三折边成4.5cm宽度，三折边端部压线。

5 处理腰围

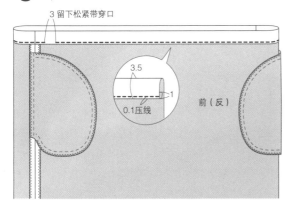

3 留下松紧带穿口

3.5

1

0.1压线

前（反）

❶腰围的缝份三折边成3.5cm宽度，三折边端部压线。此时，留缝松紧带穿口。

松紧带

前（正）

❷松紧带穿入腰围。试穿，确定合适的松紧带长度。松紧带的端部重合1~2cm止缝。

U

圆形斗篷 a photo p.30

这是一款仅头部和手部开口的简单圆形斗篷。

★ 布料选择的关键

使用具有弹性的羊毛布。全部净裁，所以选择不绽线或不易绽线的布料。

★ 纸型（反面）

U 前后衣片 U 领窝用粘合衬

★ 材料

面料（麦尔登呢）…130cm×160cm
粘合衬…35cm×20cm

★ 制作方法的关键

前后中心、肩部制作成环状，如裁剪拼接图所示，用一片布裁剪。但是，领窝在贴粘合衬后剪掉。

★ 缝制顺序

1 领窝的粘合衬如实物等大纸型所示一整片，袖口的粘合衬裁剪2片22cm×2cm，熨烫贴合于衣片反面的领窝及袖口。

2 按成品线裁剪衣片的领窝。为了保持裁剪线整齐，仔细裁剪。袖口加入剪口。

3 领窝、袖口侧压线，防止绽线及固定粘合衬。压线用颜色不明显的线，在裁剪端内侧 0.2~0.3cm 处压线。此外，领窝止处和袖口的两端回针缝1~2针。

成品尺寸

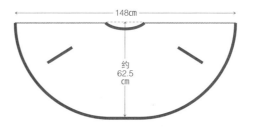

裁剪拼接图

* ▨ 是贴粘合衬的位置

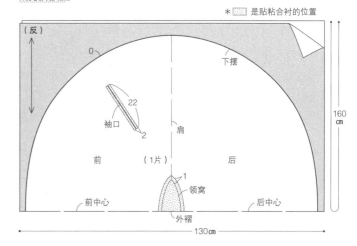

缝制顺序

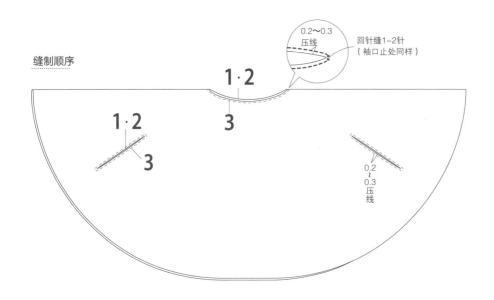

74

圆形斗篷 b　photo p.32

使用与 p.30 圆形斗篷的相同纸型,肩部加入拼接线,利用拼接线制作袖口。冬季常用的斗篷用薄棉布制作,夏季也能派上用场。

★ 布料选择的关键

使用印度印染薄棉布。选择织纹紧密且轻柔的布料。

★ 纸型(反面)

U 前后衣片

＊领窝用斜裁布带不制作纸型,按裁剪拼接图的尺寸,直接裁剪布料。

★ 材料

面料(薄棉布)…70cm×320cm

粘合衬…5cm×25cm

★ 准备

· 袖口缝份的反面贴粘合衬。
· 肩部、侧边的缝份用锁边车缝。

★ 缝制顺序

1　2 片前后衣片的领窝分别用斜裁布带回针缝。→p.38

2　正面对合 2 片前后衣片,留下袖口,缝合肩部和侧边。缝份摊开,从正面重合于步骤 1 成品的压线侧再压线,将肩部缝份固定于领窝侧。→p.67

3　三折边袖口的缝份,三折边端部压线。两端回针缝。→图

4　下摆缝份三折边成 0.5cm 宽度,三折边端部压线。

成品尺寸

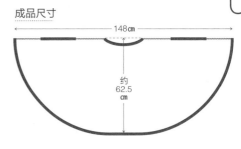

裁剪拼接图

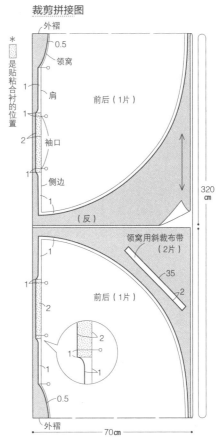

缝制顺序

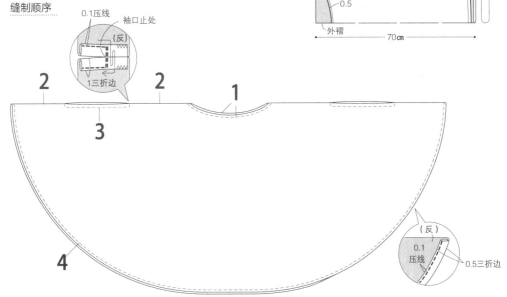

方形斗篷 a photo p.31

在领窝和袖口开孔制作的方形斗篷。人字纹的羊毛布表现出怀旧感。

★ 布料选择的关键

选择轻薄的羊毛布，避免太过厚重。如果没有整片大布料，可以在肩部加入拼接线，分别裁剪前衣片和后衣片。

★ 纸型（正面）

V 前后衣片 V 袖口布

＊领窝用镶边布不制作纸型，按裁剪拼接图的尺寸，直接裁剪布料。

★ 材料

面料（薄羊毛布）…130cm×200cm
粘合衬…40cm×30cm

★ 准备

· 袖口布的反面贴粘合衬。
· 衣片四周用锁边车缝。

成品尺寸

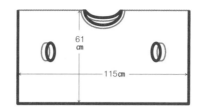

裁剪拼接图

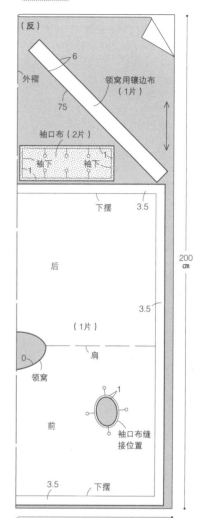

＊ □ 是贴粘合衬的位置

★ 缝制顺序

1 折入衣片周围的缝份，边角缝合，压线。→ p.39

2 制作领窝的镶边布。→图

3 用步骤2制作的镶边布夹住衣片的领窝，压线。镶边布的拼接线对齐左肩。

4 缝合袖口布的袖下成环状，缝接于衣片。→ p.69 4- ❶〜❸

缝制顺序

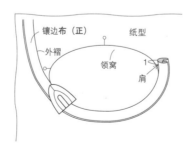

2 制作领窝的镶边布

❶领窝用镶边布的长边两侧熨烫折入1cm，再对半折入成2cm宽度。

❷❶的镶边布对齐领窝的弧线，在纸型的领窝侧熨烫成形。两端加1cm的缝份成，裁掉多余部分。

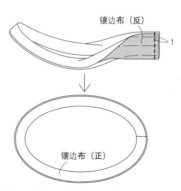

❸打开折线，两端正面对合，留1cm的缝份后缝合。摊开缝份，制作成环状。

长方形手袋 photo p.34

在长方形布料上开拎手孔制作而成的大手袋。拎手孔制作在边角上端，这是一种拎起时呈倾斜的独特设计。

★ 布料选择的关键

使用稍有弹性的棉涤纶布，也推荐使用印花布。

★ 纸型（反面）

W 拎手贴边

＊本体无实物等大纸型。画 50cm × 70cm 的长方形，贴边的纸型重合于上方的边角，描印拎手的开孔和拼合标记，制作成纸型。

＊拎手开孔用的镶边布不制作纸型，按裁剪拼接图的尺寸，直接裁剪布料。

★ 材料

面料（棉涤纶布）…110cm × 130cm
粘合衬…70cm × 50cm

★ 准备

· 拎手开孔的位置和拎手贴边的反面贴粘合衬。开孔之后，2 片一并切出本体和贴边。
· 本体周围、贴边的斜边以外的 2 边的缝份侧用锁边车缝。

成品尺寸

70cm / 50cm

裁剪拼接图

＊ ▨ 是贴粘合衬的位置

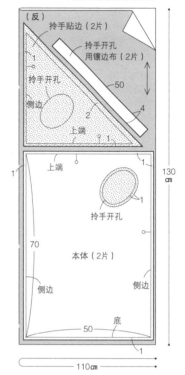

（反）
拎手贴边（2片）
拎手开孔用镶边布（2片）
拎手开孔
侧边
上端
1 / 50 / 4 / 2 / 1
130cm

上端
拎手开孔
本体（2片）
70
侧边
侧边
1 / 1
底
50
1
110cm

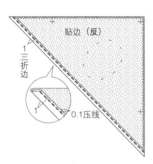

一二三折边
0.1压线
1

❶ 贴边下端的缝份三折边成1cm宽度，三折边端部压线。

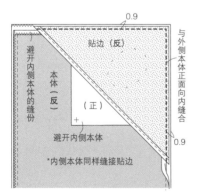

0.9
贴边（反）
避开内侧本体正面向内缝合
本体（反）
避开内侧本体的缝份
（正）
避开内侧本体
0.9
＊内侧本体同样缝接贴边

❸ 如图所示，贴边正面向内对齐本体留缝的边角，避开另一片本体，贴边外周留0.9cm缝份，缝合成L字形。

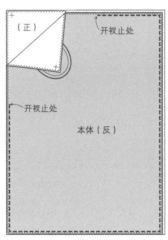

（正）
开衩止处
开衩止处
本体（反）

❷ 正面对合2片的本体，外周从开衩止处缝合至另一处开衩止处。

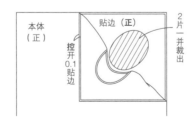

本体（正）
贴边（正）
2片一并裁出
控开0.1贴边

❹ 本体翻到正面，开衩部分稍稍空出贴边，熨烫整齐。接着，纸型对齐贴边的正面，标记拎手开孔位置，注意2片的本体和贴边不得错位，2片一并裁出拎手开孔。

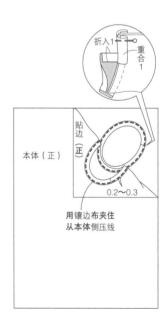

折入1
重合1
本体（正）
贴边（正）
0.2～0.3
用镶边布夹住从本体侧压线

❺ 拎手开孔用镶边布四折边成1cm宽度，对齐拎手开孔，熨烫成形（→p.76 2-❶❷）。接着，拎手开孔的端部2片一并用镶边布夹住，压线。镶边布的端部如图所示折入1cm，重合1cm。

方形手袋 photo p.35

2片方布缝合成袋，上侧加入剪口，制作成带拎手的手袋。不适合装重物，但如果用深色布料，简单却个性。

★ 布料选择的关键

使用不绽线的毡布。加入剪口，制作拎手，选用难以绽线的紧密织纹布料，避免使用织纹粗的布料或薄布料。

★ 纸型

无实物等大纸型。按裁剪拼接图制作合适尺寸（53cm×52.5cm）的方形纸型。

★ 材料

面料（毡布）…120cm×70cm
粘合衬…60cm×60cm

★ 制作方法的关键

拎手的剪口左右受力，需要用粘合衬或压线加固。

成品尺寸

裁剪拼接图

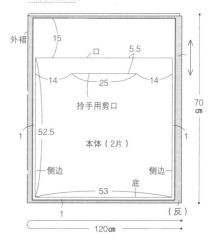

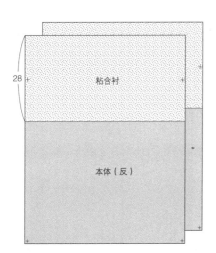

❶本体反面的袋口侧贴粘合衬。

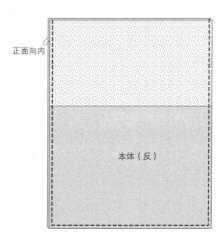

❷正面对合2片本体，缝合袋口以外的3边，摊开缝份。

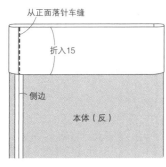

❸袋口的缝份折入反面，从正面落针车缝于侧边针脚。

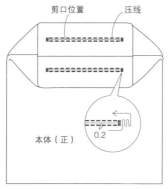

❹袋口缝份侧的剪口位置划线，线的周围压线。两端受力，需要回针缝几次。

❺线的位置加入剪口。

78

披肩斗篷 photo p.36

使用方向为披肩，制作成多用途斗篷。时尚设计，
更具实用性。

★ 布料选择的关键

使用长方形的披肩。不必选择完全相同
的尺寸，只需选用接近图中尺寸的围巾。
需要斗篷和围巾的双用途时，建议选择
薄布料。

★ 纸型（正面）

Y 领窝用

★ 材料

披肩（115cm×155cm）···1 片

★ 缝制顺序

1 横竖对半折入披肩。领窝用纸型的拼
合标记对齐折线，按纸型画出领窝线。
前端延长线至下端。

2 按线裁出。

3 在步骤 2 的裁剪端部用锁边车缝。

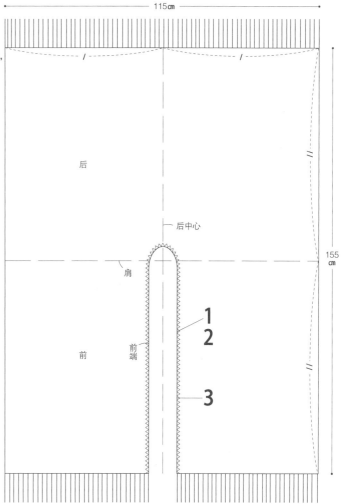

本书是服装品牌THERIACA设计师滨田明日香的创意之作，作品都是扁平的圆形、方形、菱形等几何形状，好像是用饼干模具制作出来的。这种经过奇妙剪裁设计的独特形状穿上身后，会有意想不到的悬垂感和轮廓感。作品有宽松的上装、束身衣、连衣裙、斗篷、连衣裙、包及手袋等小物件。此外，本书附送实物等大纸型。

图书在版编目（CIP）数据

廓形手作服 ／[日]滨田明日香著；史海媛译.
—北京：化学工业出版社，2017.3
ISBN 978-7-122-28993-3

Ⅰ.①廓… Ⅱ.①滨… ②史… Ⅲ.①服装裁缝
Ⅳ.①TS941.6

中国版本图书馆CIP数据核字（2017）第020344号

KATACHI NO FUKU by Asuka Hamada
Copyright © Asuka Hamada,2015
All rights reserved.
Original Japanese edition published by EDUCATIONAL FOUNDATION BUNKA GAKUEN BUNKA
PUBLISHING BUREAU
Publisher of Japanese edition:Sunao Onuma
Book-design:Yoshiko Honda
Photography:Aya Sekine
Styling:Miyoko Okao
Model:LIZZIE.,mavarey
Body digital trace:Shikanoroom
Pattern Trace:Azuwan[Fumiko Shirai]
Proofreading:Masako Mukai
Editing of how-to-make:Naoko Doumeki
Editing:Yoshiko Honda,Kaori Tanaka [BUNKA PUBLISHING BUREAU]
Simplified Chinese translation copyright © 2017 by Chemical Industry Press
This Simplified Chinese edition published by arrangement with EDUCATIONAL FOUNDATION BUNKA
GAKUEN BUNKA PUBLISHING BUREAU, Tokyo, through HonnoKizuna,Inc.,Tokyo, and Shinwon
Agency Co.Beijing Representative Office,Beijing
本书中文简体字版由文化出版局授权化学工业出版社独家出版发行。
未经许可，不得以任何方式复制或抄袭本书的任何部分，违者必究。

北京市版权局著作权合同登记号：01-2016-5083

责任编辑：高　雅　　　　　　　　　　加工编辑：龙　婧
责任校对：边　涛

出版发行：化学工业出版社（北京市东城区青年湖南街13号　邮政编码100011）
印　　装：北京画中画印刷有限公司
787mm×1092mm　1/16　印张 7　插页 4　字数 380 千字　2017年7月北京第1版第1次印刷

购书咨询：010-64518888（传真：010-64519686）　售后服务：010-64518899
网　　址：http://www.cip.com.cn
凡购买本书，如有缺损质量问题，本社销售中心负责调换。

定　价：49.80元　　　　　　　　　　　　　　　　版权所有　违者必究